JN014233

林 美香子編著

《農都共生ライフ》がひとを変え、地域を変える

移住・CSA・ローカルベンチャー ——〈ウェルビーイングな暮らし〉の実践

寿郎社

はじめに――今こそ《農都共生ライフ》

「どうして農業に興味を持ったのですか?」とよく聞かれる。もともと食べることが大好きで、会社員だった父が休日になると熱心に自家菜園をしていた影響も大きかったと思う。小さいころ、毎年ゴールデンウイークは一家総出で畑仕事をし、アスパラガスやエンドウマメはうちで採れたものしか食べなかったほど。そうしたわが家の畑や食卓の記憶が自分の原風景になっている。

その後北海道大学理類に入学し、食品や栄養の勉強をしたいと考え、農学部に進学した。そしてオイルショック後のひどい就職難の中で、さまざまな職種に挑戦して幸運にも受かったのが、〝畑違い〟の札幌テレビ放送〔STV〕のアナウンサーだった。食の王国・北海道の地元局の番組に農業・漁業の話題は欠かせない。さまざまな取材を通して農業・農村への関心は深まっていった。当時は減反政策・離農など暗い話題が多かったが、それでも自分たちで工夫を凝らしている農家さんたちの意欲的な取り組みや農村の食・文化の豊かさを少しでも伝えられたら、という思いでテレビやラジオの仕事に向かっていった。

STVに九年ほど勤務した後、育児との両立の難しさなどからテレビ局を退職してフリーランスのキャスターになった。農学部出身キャスターという珍しさもあったのかもしれない。そのころから農業関連の仕事が多くなっていった。

グリーンツーリズム（農村で楽しむゆとりある休暇）や田園地帯への関心が深まったのは、一九九五年、絵本の主人公であるピーター・ラビットの故郷イギリスの湖水（こすい）地方を訪ねるツアーに参加してからだ。多くの人々が美しい田園地帯でゆったりとした時間を過ごすライフスタイルを見て、「農村には農産物を作るだけではない多面的な機能がある」ということを実感した。またイギリスの人たちが、いかに田園地帯の大切さを感じ、守ろうとしているのかも肌で感じた。

「食と農」「グリーンツーリズム」「地域づくり」をテーマに取材・講演活動を続けるうちに、より総合的かつ体系的にこの分野のことを学びたいという気持ちが膨らみ、二人の息子の子育てにも区切りがついた二〇〇三年の秋、北海道大学大学院工学院研究科都市環境工学専攻社会人博士課程に入学した。そして「農村と都市の共生による地域再生の基盤条件の研究」というテーマで論文を書き、二〇〇六年九月に博士号（工学）を授与された。

二〇〇八年、縁があって慶應義塾大学大学院システムデザイン・マネジメント（SDM）研究科で「農村と都市の共生」＝「農都共生」について大学院生に教えることになった。以来、十数年にわたり農都共生ラボや農都共生研究会で大学院生たちとともにフィールドワークを中心にした研究活動を続け、講演・執筆活動にも取り組んできた。

どの局面でも私の主張は変わらず、農村の地域づくりには農村を対象とする個別施策ではなく、

「農村と都市の共生」＝「農都共生」という視点からの複合的・総合的施策が重要だということを訴えてきた。

二〇一九年暮れから始まった新型コロナウイルス感染症の世界的流行は、日本の農業にも深刻な影響を与えた。コロナ感染症対策の外出自粛による飲食店の休業や客の急減で外食向けの牛肉・米などの食材の売り上げが落ち込み、土産菓子の販売不振により乳製品・アズキなど菓子材料の売り上げも低迷した。

二〇二一年の年末年始と二〇二二年の春には生乳廃棄の危機が大きく報じられた。しかし国や農業団体による牛乳大量消費キャンペーンと、それに応えた消費者の積極的な購買行動で廃棄の危機は回避することができた。この出来事は、農業を理解し「買い支える」消費者の存在があってこその持続可能な農業だと改めて私に強く感じさせた。

その消費者たちにも変化があった。コロナ禍の影響で副業として農業をしたいという人が急増し、テレワークやステイホームの合間に家庭菜園や市民農園で汗を流す人も現れた。過密な東京から地方に目を向けた移住希望者が増え、東京都の人口が減少するという今までにない現象も起きている。

しかしその一方で、二〇二二年二月にロシアのウクライナ侵攻が始まり、二〇二三年一月現在、終結の見通しは立っていない。この紛争に起因するエネルギー価格の高騰によって輸入に頼る農薬や肥料、家畜飼料のコストが増大し、農家――とりわけ酪農家――の経営が今、圧迫されている。コロナ禍による農産物消費の落ち込みの山は乗り越えたとはいえ、世界経済混乱の影響は確実に日本の農業にも及んでおり予断を許さない。また、この紛争によって日本の食料自給率の低さも浮き彫りになった。

しかし、それでもなお、いや、それだからこそ、消費者の農業・農村への関心は高まっているように思える。本書で詳しく触れている、都市に住む消費者と農村に住む生産者の双方が環境によい農産物を通じて地域農業を支えるＣＳＡ〔Community Supported Agriculture（コミュニティ・サポーテッド・アグリカルチャー）の略称、地域支援型農業〕の取り組みは、輸入肥料や輸入飼料に頼らない有機栽培の農産物を扱っていることから、エネルギー価格高騰の影響はあまり受けない。そのことに消費者たちは気づき始めているのである。

コロナ禍とウクライナ情勢の影響とはいえ、このように農業・農村への関心が高まっている今こそ、改めて《農都共生ライフ》の素晴らしさを多くの方たちに伝えたいと思い、慶應義塾大学大学院ＳＤＭ農都共生ラボ修了生で、ＣＳＡに詳しい奈良県立大学准教授の村瀬博昭さんとともに本書を企画・執筆した。

持続可能な農業・農村のため、「農都共生」による地域活性の多様な事例を紹介し、最後の章では移住・ＣＳＡ・ローカルベンチャーの視点から「ウェルビーイングな暮らし」〔健康で安全、幸福な暮らし〕を実践するためのヒントを提言している。

農的暮らしや地方移住に関心のある人たちをはじめ、地域づくりを学ぶ学生、地域の活性化に取り組む自治体やＮＰＯの方々などに、本書を通じて人・モノ・情報を生かした地域活動や心身ともに健やかな暮らし――《農都共生ライフ》――のヒントを見つけていただければと願っている。

装幀　高橋 宏枝
編集　佐藤 優子

《農都共生ライフ》がひとを変え、地域を変える

移住・CSA・ローカルベンチャー——〈ウェルビーイングな暮らし〉の実践

目次

《農都共生ライフ》がひとを変え、地域を変える

移住・CSA・ローカルベンチャー
――〈ウェルビーイングな暮らし〉の実践

第一章　「農都共生」とは何か

ウェルビーイングな暮らしのヒント

食べ物は魔法のようにいきなり店の棚に出現するのではない。畑や水田、牧場で作られ、運ばれてくる。この当たり前のことを知らない子どもたちのなんと多いことか。いや、子どもたちばかりではない。農場・農村のことを知らない大人たちも多い。農畜産物は土・水・太陽などの自然の恵みと農家の手間暇かけた労働があって初めてできるものだ。土ひとつとってみても、よい土を作るにはたいへんな時間と労力が必要なのだ。

あまりにも遠く離れてしまった農業の現場と、私たちが日々食べ物を口にしている消費の現場。かつて――昭和の中頃まで――は農村でなくとも住宅街の近郊にはまだ畑があったし、一戸建の住宅であればちょっとした作物を植えることのできる庭があり、子どもたちは土のある暮らしや「夏休みにおじいちゃんおばあちゃんのところに遊びに行く」というような田舎との関わりの中で、農業にまつわることや農村での暮らしを学んでいった。

それが大きく変わったのは昭和三〇年代以降――。日本は急激な工業化・高度経済成長の時代に突入し、社会全体が劇的に変わっていった。暮らしの利便性は高まったが、その一方でいつの間にか「命の育み」や「食べ物の大切さ」が忘れ去られていった。たとえば子どもたちに目を向けると、テレビゲームやスマホ漬けの日々を送っている彼らにとって農村で繰り広げられる「命の育み」は、画面上の仮想空間で展開されるゲームよりもはるかに遠い、「ここではないどこか」の出来事になっているのではないだろうか。そうした日本の子どもたちに私は農場・農村での体験をさせたいと強く思っている。広々とした農村の景観の中で、土や泥にまみれて行う田植えや稲刈り、イモ掘り、あるいは家畜との触れ合いなどだ。都会では体験できない生き物の営みを農村は教えてくれる。

都会に住む大人たちにとっても、農場や農村は随分と遠い存在になっている。だがそのことを仕方のないことだと大人もあきらめないでいただきたい。都市と農村の距離を再び近づける好機が今きているのである。地球規模で取り組まれているSDGsが目指す「ウェルビーイングな暮らし」のヒントは農村にこそある。そのことを、これから本書で各地の実例を通してひもといていこうと思う。

農都共生のメリット

「農都共生」という考え方は、これまで多くの研究者が提唱してきた。例えば、「農」を媒介としたコミュニティ再建＝「アグリ・ルネッサンス」を掲げる山本雅之氏は「都市・農村対立から都市・農村共生に変わることが、地域を活性化し、地域再生に繋がる」（『農ある暮らしで地域再生』学芸出版社、二〇〇五年）と述べ、東京農業大学学長を務めた進士五十八（しんじいそや）氏は「都市と農村はともにハーフ・ソサイエティである。つまり都市も農村も一人前ではなく、半人前でしかない。本当のソサイエティとは都市と農村が渾然一体として共存した、いわば共生生態系である」（『「農」の時代――スローなまちづくりで都市とふるさとを再生する』学芸出版社、二〇〇三年）と主張している。

私は特に「農」の大切さをアピールしたいため、「都市と農村の共生」ではなく、「農村と都市の共生＝農都共生」という言葉を意識して使っている。

私が「農都共生」研究を始めた二〇〇〇年当時、農村と都市の交流・連携は今ほど盛んではなかったが、すでに市民の間に意識の変化は現われ始めていた。内閣府「国民生活に関する世論調査」によると、「物質的な豊かさ」よりも「心の豊かさ」を求める意識が高まり（図1）、生活の力点を衣食住の充実よりも「レジャー余暇」に置くようになった都市部のライフスタイルの変化が読み取れる（図2）。

農都共生の活動は、都市側には心の豊かさやレジャー余暇などの楽しみの恩恵があり、農村側に

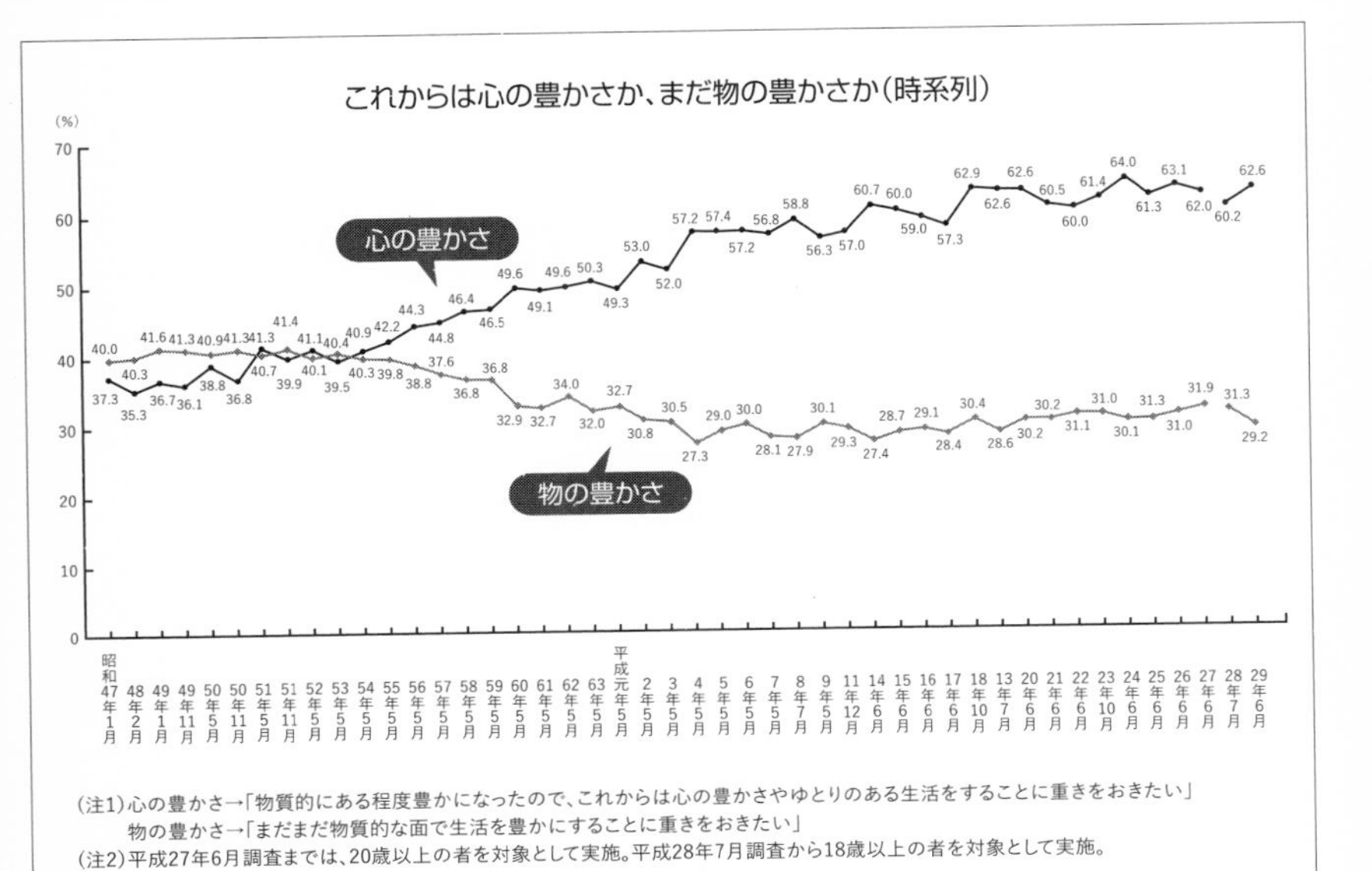

図１　「物質的豊かさ」より「心の豊かさ」
資料 内閣府「国民生活に関する世論調査」より

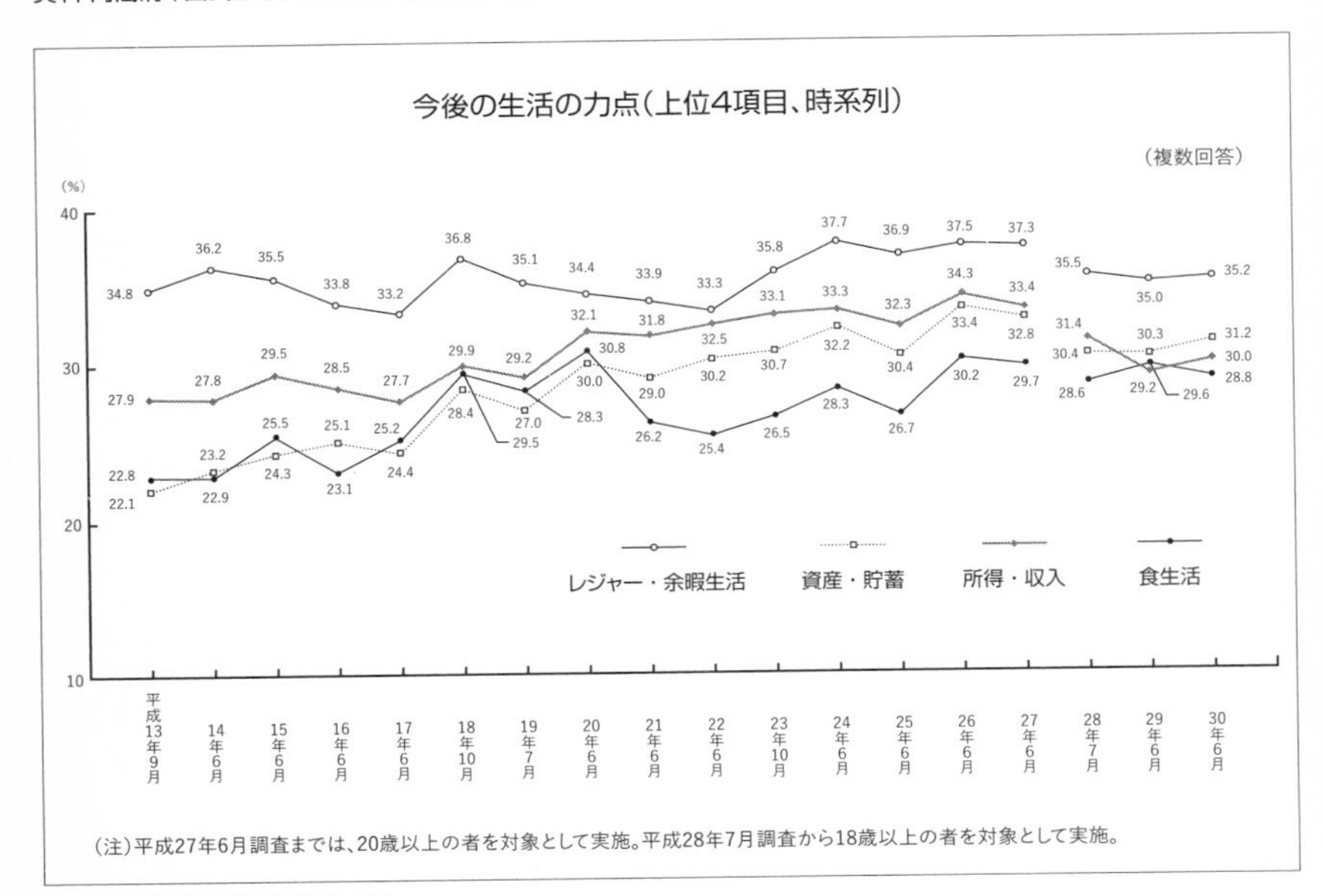

図２　「今後の生活の力点」
資料 内閣府「国民生活に関する世論調査」より

は生きがいや副収入をもたらすなど、双方への効果がある。癒しや楽しみを提供してくれる農村に対して都会の人たちがお金を使うことは農村に大きな経済効果をもたらす。疲弊する地方にお金が循環するだけではない。「経済の循環」と同時に、「情報の循環」「人材の循環」が起こり、農村・都市の双方に活力をもたらすのが農都共生の活動である。

「グリーンツーリズム」の始まり

農都共生の活動のひとつが、農村が消費者を受け入れる交流の場「グリーンツーリズム」である。先進地ヨーロッパでは第二次世界大戦後の二〇世紀中頃から始まり、イギリスでは「ルーラル・ツーリズム」、フランスでは「ツーリズム・ベール」（「緑の旅行」の意味）に相応するものだが、「グリーンツーリズム」というのは農村の持続可能性や環境保全の意味を「グリーン」で表現した日本独自の呼び方である（本書では行政が用いる「グリーンツーリズム」の場合は原文どおり「グリーン・ツーリズム」と表記する）。

「グリーン・ツーリズム」という言葉が政府の公式文書に初めて登場したのは、今から三〇年前の一九九二年（平成四年）六月。農林水産省が今後の農政の指針を示した「新しい食料・農業・農村政策の方向」で言及された。この中で国は「農村空間を国民の余暇空間」と位置づけ、農村地域での都市生活者の余暇活動を「グリーン・ツーリズム」と命名した。農村地域、特に中山間地域活性化対策として「グリーン・ツーリズムの振興」が初めて提示された瞬間である。

そこで発表されたグリーン・ツーリズムの定義は「緑豊かな農山漁村地域において、その自然、文化、人々との交流を楽しむ、滞在型の余暇活動」であり、これを一言で表わすと「農村で楽しむゆとりある休暇」になる。民間レベルでは一九六〇年代から「産地直売」「山村留学」「農業体験」「市民農園」など、さまざまな形の都市農村交流が行われてきたが、公的に「グリーン・ツーリズムの振興」が掲げられたことで大きな転換期を迎えた。ここを起点に、翌一九九三年には「グリーン・ツーリズムモデル整備構想策定事業」が始まり、幾度かのさらなる推進的政策を経て、二〇〇一年には「全国グリーン・ツーリズム協議会」が発足した。

「グリーン・ツーリズム」の目的は「都市住民のゆとりある余暇活動、子どもの貴重な体験・学習機会」「農山漁村の活性化」「農村環境の保全」であり、近年はその活動の舞台となる「農業・農村の有する多面的機能」も再評価されている。農林水産省によると「多面的機能」とは「国土の保全、水源の涵（かん）養（よう）、自然環境の保全、良好な景観の形成、文化の伝承等、農村で農業生産活動が行われることにより生ずる、食料その他の農産物の供給の機能以外の多面にわたる機能」を指すが、農水省がホームページで発信している子ども向けのパンフレットが非常にわかりやすいため、その一部を引用する。

農業・農村のいろいろな働き（農業・農村の有する多面的機能）

①洪水が起きないようにする——田畑に水を一時的にためることができる

②川の流れを安定させきれいな地下水をつくる——田畑にためられた水は、川にもどったり地

下水になる
③土砂くずれや土の流出を防ぐ——耕された田畑は、土砂くずれや土の流出を防ぐ
④美しい風景をつくる——農村独特の風景をつくる
⑤伝統文化を守る——お祭りや行事が受けつがれている
⑥生きものを育てる——いろいろな生きものがすむ場所になる

このほかに「暑さをやわらげる働き」「いやしや安らぎをもたらす働き」「体験学習や教育の場としての働き」「有機物を分解する働き」「医療・介護・福祉の場としての働き」が掲げられており、どれも読めば納得の内容である。単なる食糧供給の場だけではないこれらの機能を「お金では買うことのできない日本の財産」と位置づけ、持続可能な農業の重要性を訴えている。

二〇〇八年には総務省・内閣官房・文部科学省・農林水産省・環境省による「子ども農山漁村交流プロジェクト」がスタートし、その窓口である体験支援サイト「子どもたちのふるさとホームステイ」では、農業体験のほかに「自然・環境体験」や「食体験」「文化・芸術体験」といった幅広いオプション体験で検索できる機能が付いている。

年代	内容
1992	4月、農林水産省構造改善局に「グリーン・ツーリズム研究会」を設置。6月、「新しい食料・農業・農村政策の方向」で初めて「グリーン・ツーリズム」という言葉が使用される。
1993	「農山漁村で楽しむゆとりある休暇を」事業スタート(5年間) 「グリーン・ツーリズムモデル整備構想策定事業」開始
1994	「農山漁村滞在型余暇活動のための基盤整備の促進に関する法律」が成立
1995	農林漁業体験民宿の登録制度スタート
1998	農政改革大綱と農政改革プログラムで「グリーン・ツーリズムの国民運動としての定着に向けたハード・ソフト両面からの条件整備」を明記
1999	食料・農業・農村基本法で「都市と農村との間の交流の促進」(36条)が明記される。「農業・農村の振興とともに、国民の健康的でゆとりある生活に資するため、必要な措置を講じること」とされた
2000	食料・農業・農村基本計画で農村の振興に関する施策の柱の一つとして「農村における滞在型の余暇活動(グリーン・ツーリズム)の推進」をうたう
2001	全国グリーン・ツーリズム協議会発足。主に都市住民に対しての情報発信をめざす。農林水産省で「交流スクール」開校、実践者と推進指導者の指導をめざす
2002	「都市と農山漁村の共生・対流」を政府決定。内閣・総務・文部科学・厚生労働・農林水産・経済産業・国土交通・環境の副大臣による「都市と農山漁村の共生・対流に関するプロジェクトチーム」設置
2003	新グリーン・ツーリズム総合推進対策実施要綱制定 「都市と農山漁村の共生・対流推進会議」(通称「オーライ!ニッポン会議」)発足

表1　行政によるグリーン・ツーリズムの取り組み

「農泊」というコミュニティビジネス

農村空間での滞在を楽しんでもらうための取り組みであるグリーン・ツーリズムは、「日帰りの農業体験」だけを表わすものではない。例えば宿泊体験を伴う「農泊」もその一環である。農泊という言葉は、大分県にある「安心院町(あじむまち)グリーンツーリズム研究会」が「農村民泊」の略称として使い始めたもの。会員制の形で中高生の教育旅行などを受け入れることで、農家が自宅をそのまま利用して現金収入を得るコミュニティビジネスとして注目され、「安心院は農泊発祥の地」とも呼ばれている。コロナ禍以前には安心院の農泊利用者は年間九〇〇〇人にも及んだ。

二〇一七年、国は閣議決定した観光立国推進基本計画で、「農山漁村滞在型旅行をビジネスとして実施できる体制を持った地域を二〇二〇年までに五〇〇地域創出することにより、『農泊』の推進による農山漁村の所得向上を実現する」とした。そして、グリーン・ツーリズムに関する予算を統合し、農山漁村振興交付金に「農泊推進対策」を創設した。農水省による農泊の定義は次のようになっている。

——農山漁村地域に宿泊し、滞在中に豊かな地域資源を活用した食事や体験等を楽しむ「農山漁村滞在型旅行」のことです。地域資源を観光コンテンツとして活用し、インバウンドを含む国

―内外の観光客を農山漁村に呼び込み、地域の所得向上と活性化を図ります。

農泊推進対策には、「農泊の推進体制構築や観光関係者とも連携した観光コンテンツの開発、Wi-Fi等の環境整備、新たな取組に必要な人材確保等」を支援するため、二年間に年間上限五〇〇万円の交付を受けられるという、新規参入のハードルを大きく下げる画期的な制度もある。こうした資金的な支援も功を奏し、全国五〇〇地域という高い目標と思われた数値もクリアし、二〇二一年段階で五九九地域が農泊に取り組んでいる。また、農泊に取り組む事業者や行政に対して相談に応じ、アドバイスや情報発信などをする「一般社団法人日本ファームステイ協会」も設立され、効果を上げている。

従来のグリーンツーリズムは都市と交流することで農村住民たちの「生きがいづくり」を目的としていたが、現在の国が推進する農泊は農業経営者たちに「持続可能な産業として自立的な運営」を促すものになっているところが、大きな特徴になっている。第三章で詳しく紹介するが、北海道鶴居（つるい）村の服部政人さん・佐知子さん夫婦のような成功事例も増加傾向にあり、地方活性化の突破口としての期待が高まっている。

以上、かけ足で現在のグリーンツーリズムに関する基本情報を述べたが、最後に「ウェルビーイング」〔well-being〕についても簡単に触れておきたい。このキーワードは、一九四六年七月二二日にニューヨークで六一カ国の代表により署名された世界保健機関（ＷＨＯ）憲章の前文に登場する。

Health is a state of complete physical, mental and social well-being and not merely the absence of disease or infirmity.

健康とは、病気ではないとか、弱っていないということではなく、肉体的にも、精神的にも、そして社会的にも、すべてが満たされた状態にあることをいいます。（日本ＷＨＯ協会訳より）

この他にもさまざまな訳し方があるが、本書では「ウェルビーイングな暮らし」を「健康で安全、幸福な暮らし」という意味で使っている。「農都共生」の普及をライフワークとする私も、これまで『農都共生のヒント——地域の資本の活かし方』『農村へ出かけよう』（以上、寿郎社）、『農村で楽しもう』『農業・農村で幸せになろうよ——農都共生に向けて』（以上、安曇出版）などで、農村と都市の交流から生まれる「健康で安全、幸福な暮らし」の実現を呼びかけてきた。当時はまだ、「ウェルビーイング」という言葉に出会っていなかったが、今は農都共生が目指すものが「ウェルビーイング」と重なることに気づき、時代の追い風を感じている。

「農村と都市の共生による地域再生の基盤条件の研究」（ダイジェスト）

ここで私が北海道大学大学院工学院研究科在籍中に執筆した「農村と都市の共生による地域再生の基盤条件の研究」〈博士論文〉をダイジェストで紹介する。

ここでは「農村と都市の共生」を「地域づくりを推進する人材育成」と「地域づくりの計画と実践の場」という二つの視点に分け、前者の代表例として熊本県・小国町（おぐにまち）の「九州ツーリズム大学」を、後者の代表例として北海道・帯広市の「北の屋台」を調査・研究した。

農村と都市の共生　二つの成功事例

・地域づくりを推進する人材育成──熊本県・小国町の「九州ツーリズム大学」

・地域づくりの計画と実践の場──北海道・帯広市の「北の屋台」

九州ツーリズム大学は日本初の民間によるツーリズムを学ぶ場。毎年九月から翌年三月まで開校し、毎月二泊三日の研修を行っている。阿蘇山麓というアクセスに不便な立地にもかかわらず、毎年全国から一〇〇人近くが参加。農家・公務員・会社員・学生といった幅広い層が集うことで注目され、「オーライ！ニッポン大賞」〈「都市と農山漁村の共生・対流推進会議」（オーライ！ニッポン会議）が、日本各地で都市と農山漁村の交流を盛んにする活動に積極的に取り組んでいる団体・個人に授与する賞〉

を受賞している。

北の屋台は、帯広中心部の元駐車場に二〇軒の屋台が集まって屋台村を形成する独創的な試み。農家や都市住民、地域づくりに熱心な若者などさまざまな人たちが連携することで地産地消を実現し、雇用やまちの賑わいを生み出した。ふるさとづくり総理大臣賞（総務大臣が「ふるさと」をより良くしようとする活動を行っている個人・団体に授与する賞）にも輝いた。

この北と南、二つの事例を調査・研究した結果、以下の考察を導き出した。

考察

「農村と都市の共生」による地域再生を実現するための要件は、

「地域再生の理念の醸成」

「地域力向上を推進する人材育成」

「地域づくりのプラットフォーム」

の三点である。

それぞれを細かく見ていこう。

一、地域再生の理念の醸成

①「農村と都市」を包括的に捉える共生の視点
②地域内の理念の共有化
③「地域の資本」の発見と尊重
④包括的理念・広範な視野の計画と戦略

地域再生には「農村と都市」を包括的に捉える共生の視点が必要であり、その視点を一部の住民だけでなく地域内でどう共有化させ、醸成に繋いでいくかが重要である。九州ツーリズム大学では座学の他に、実習・体験・ワークショップに力を入れたカリキュラムを提供。五感を活用したフィールド活動が「地域の資本」の発見・尊重につながり、地域マネジメントを実践できる人材の育成を促進している。

帯広の北の屋台も、北海道の東部を大きく占める十勝というエリアが持つ自然の恵みや豊富な農畜産物、農村社会が持つおおらかさ、十勝人の人間的魅力を発見し尊重したところから一連の活動が始まっている。どちらも包括的理念を明文化し、それを実現するための幅広い視野に基づく計画と戦略があった。

二、地域力向上を推進する人材育成

①実効性の高い人材育成カリキュラム

②「地域の資本」の利活用
③グリーンツーリズムの先進的実践者の影響力重視
④他団体との連携

九州ツーリズム大学のカリキュラムは主に「ツーリズム」「地域経営」「農業経営」「コミュニティビジネス」「技術習得」「環境」「リーダー育成」「他との連携」の組み合わせで展開されている。農山村や自然そのもの、農作業、人材といった「地域の宝」＝「地域の資本」を利活用したカリキュラムだからこそ独自性や学ぶ楽しさがあり、大学運営の継続を可能にしている。

カリキュラムのなかでもグリーンツーリズムの先進的実践者の講義は人気が高い。女性農業者の話に刺激を受け、農家民宿の経営に新規参入したという事例も多数存在し、講師陣が起業家や人材を育成するインキュベーター機能を果たしている。グリーンツーリズムやアグリビジネスは女性の参加・活躍なくしては成り立たない。九州ツーリズム大学のように指導者や講師としての女性の起用が今後広がることを期待したい。

三、地域づくりのプラットフォーム

①確固たる目標と成長性
②実現化するための戦略的な手法

③複合的な活動（農村と都市の共生活動・インキュベーター機能）
④マネジメント力＝キーパーソンと支援体制

北の屋台には「地域に根ざした理念」「多様性のあるテーマの設定」という確固たる目標があり、「三日に一度は新聞に取材記事を載せる」といった戦略的な手法が光っていた。九州ツーリズム大学は「人材育成」「農村と都市の対等交流」「活力ある地域づくり」という目標を設定。どちらも大学院や企業塾といった成長の場を設けていた。

両者が地域再生に成功した決定的な要因に、マネジメント力の高いキーパーソンの存在がある。九州ツーリズム大学は事務局長の江藤訓重氏。地域の資本を利活用したカリキュラムの作成や全国の研究者・専門家の招聘、卒業生の起業・移住相談などさまざまな場面で江藤氏の力量を感じた。北の屋台は母体グループ「十勝場所と環境ラボラトリー」専務理事の坂本和昭氏がその手腕を発揮し、活動を牽引。坂本氏を慕う友人や仲間が集まり、十勝らしい地域再生に一丸となって取り組んでいた。

以上、これらの三つの要件が重層的かつ立体的に実践されることにより、日本各地の中小都市・農村地帯の地域力が向上し、それぞれの地域にふさわしい地域再生が推進されることを願ってやまない。

今後、日本の「農村と都市の共生による地域再生」を進めるには、農村政策の中に持続可能な循環型農業の推進や森林の利活用によるCO_2の削減を含めた環境政策を盛り込むことも必要になってくるだろう。それと同時に、農村地帯に伝承されている郷土料理・保存食などの食文化やわら細工・炭焼きなどの技能・技術、「命を扱う産業」ならではの教育力など、田園が持つ広範な文化的価値を利活用する「田園文化ツーリズム」も重要なキーワードとなるはずだ。田園文化ツーリズムから新たな雇用やビジネスが生まれ、人口流出・コミュニティ崩壊の防止につながることをおおいに期待したい。

（林　美香子）

第二章　ＣＳＡによる農村と都市の共生

ＣＳＡとは何か

農村振興を目的とした地域活性化の取り組みが全国各地で進んでいる。理想的な活動は、農業の振興によって農村が活性化することである。だが、農村振興と農業振興は分けて語られることが多い。農村は地域全体を指しているのに対して、農業は一般的に個別農家の経営を指しており、別物だと考えられている。しかし、そのギャップを埋めて地域活性化につながる農業の実施方法が存在する。それがＣＳＡである。

ＣＳＡとはCommunity Supported Agriculture（コミュニティ・サポーテッド・アグリカルチャー）の略で、日本語訳として「地域で支える農業」「地域支援型農業」などがある。後者はＣＳＡについて翻訳された書籍『ＣＳＡ地域支援型農業の可能性 アメリカ版地産地消の成果』（二〇〇八年、家の光協会）の影響を受けて使用している人が多い（意味はどちらも同じであり、地域が農業を支えたり、農業が地域を支えたりすることを包含している）。この書籍はＣＳＡをアメリカで最初に実践した人物ロビン・ヴァン・エンが共著者に含まれていることもあり、日本でＣＳＡを理解する際に特に参考にされている。

CSAの定義

ＣＳＡの定義は必ずしも明確になっているわけではなく、実践している人の解釈も異なるが、広く通底している考えがある。まず、参加する農家は換金のための出荷を前提に規格化された農作物を生産しているのではなく、食べる人のことを意識して農業を行っている、という考えが先にくる。そのため、ＣＳＡは主に会員制で成り立っており、「その農業の趣旨に賛同する」、または「この農家さんを応援したい」という地域住民たちが会員となって年会費や農作物の代金を支払う仕組みをとっている。会員に農作物を配布した後は、余ったものを広く販売するケースも定着しているが、基本的な仕組みとしては「地域の人のための農業」となる。

ＣＳＡが会員制であるもう一つの理由に、「農業の恩恵も災害も全体で共有する」という考え方がある。会費は収穫前に支払う返金なしの前払い制が主流で、豊作であればそれだけ多くの農作物が会員に渡り、不作であれば相応のものを受け取ることになる。この背景には、収穫の出来によって農家の収入が大きく変わる農業特有のリスクを農家だけに押しつけず、食べる人も共に地域の農業を支えるという考え方がある。

この「共に」という理念が地域の離農防止につながり、消費者が農村の維持や発展に貢献できる一つの手段になっている。また、農家にとっても生活が安定することで食べる人のことを真剣に考え、健康に良い農作物を栽培するようになる。その結果、ＣＳＡを実践する農家は、収穫が比較的不安定と言われていても品質を重視する有機農業や自然栽培農業を実践する人が多くなり、「有機農作物」というキーワードが求心力になってまた新たな会員獲得につながるという両者納得のマッチングが進んでいく。

地域コミュニティの活性化

ＣＳＡの農家は自分の農場経営にとどまらず、地域コミュニティの活性化や地球環境の保全活動など、地域全体を見据えて農村振興につながる活動を行っているところが多い。ＣＳＡの「Ｃ」、すなわちコミュニティに該当する部分である。農業や食、教育に関する講習会を開催したり、ニュースレターのようなものを発行し、農作物の提供時に一緒に渡したりして会員との勉強会や情報共有を活発に行っている。

通常の農業だと、その方針は経営の主体である農家が決めているが、ＣＳＡでは農家と会員とで定期的な話し合いの場を設けているところもある。作る人と食べる人を完全に分離せず、一緒に農業を行っていくというＣＳＡの理念の実践である。「食べる人に自分の農地だと思って愛着を持ってもらいたい」という農家もいる。

農作業についても会員が手伝う回数を義務化し、規定回数に満たなければ会員を更新できないところもあれば、ランチやお酒などを持参して家族で楽しみながら農作業を手伝いたいという会員を受け入れているところもある。後者は農場をコミュニケーションの場とする考え方だ。ただし、行き過ぎた訪問の受け入れは生産性の低下を招くことがあるため、会員の農作業の手伝いを断っている農家もある。農場主によって考えが大きく異なり、各農家の個性になっている。

農作物の受け渡し

ＣＳＡの農作物は多品種少量で栽培していることが多い。農家は毎週一回または隔週ペースで農作物を会員に提供することが多いが、受け取る会員が家庭で調理することを考えると、毎回複数の種類の農作物を提供できることが望ましい。どの農作物をどれだけ提供するかは収穫次第である。特定の農作物が豊作の年はそれが多く提供され、逆に不作の収穫物は翌年の種取りに回され、その年は全く食べられない品目などもある。

ボリュームは次回届くまでに家庭で食べ切ることができる量を前提としており、受け取る農作物の偏りを見て、量の不足や他に買い足したい品目があれば会員が別途小売店などで買い足すことも日常的によくあることである。

農作物の受け渡しは「ピックアップポイント」と呼ばれる共同集配所に運ばれる。会員は定められ

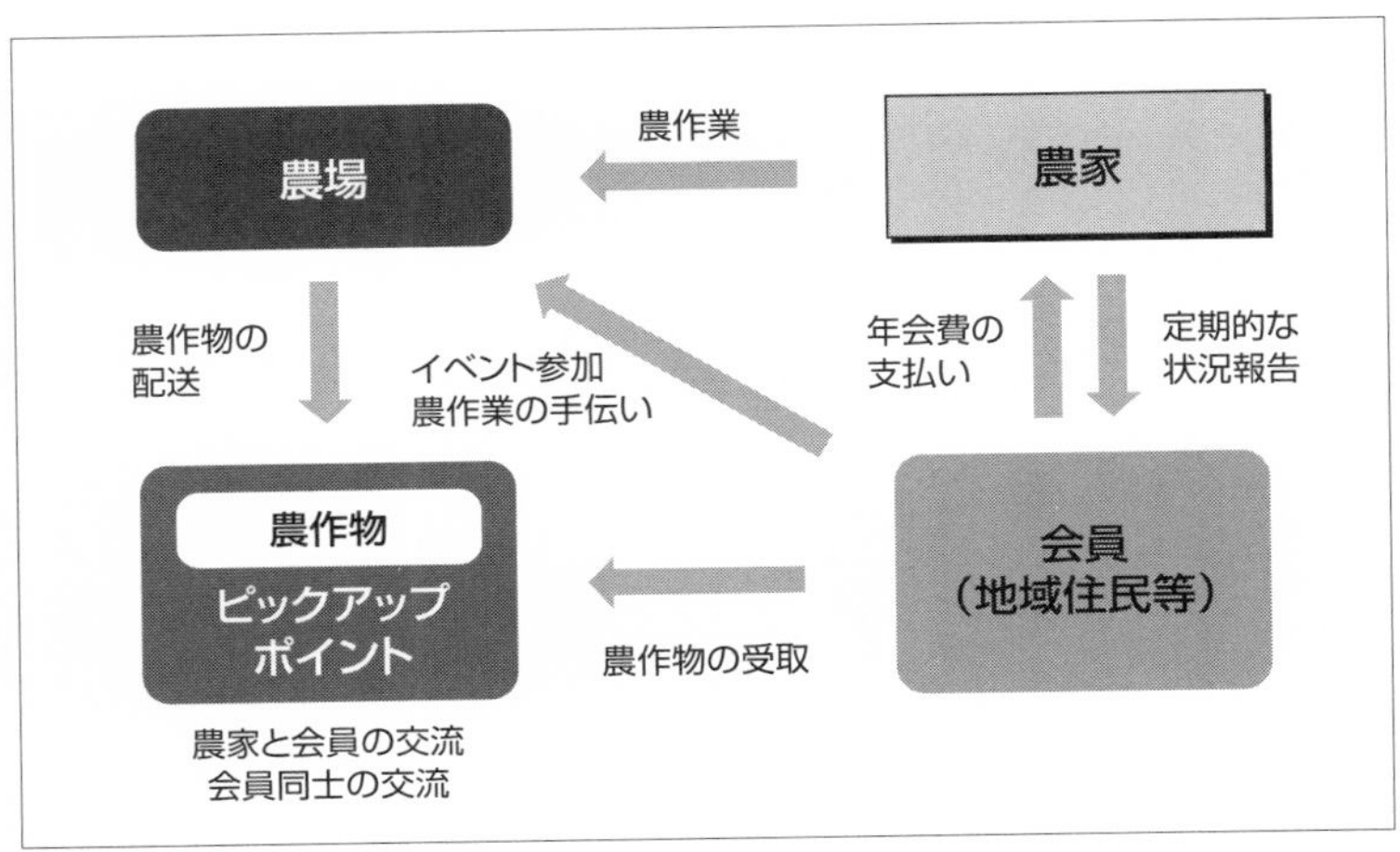

図3　一般的なCSAのモデル

た期間内にそこまで出向いて受け取る。従来の宅配方式は農家側の手間や時間の負担が大きかったが、このピックアップポイント方式ならば時間の節約ができ、できた時間を農作業や休暇に充てることでより質の高い農業ができるようになる。同時に、会員にとってもピックアップポイントに行くことで農家や他の会員と情報交換ができ、交流の場が生まれる。関係者全員にメリットがあるピックアップポイント方式は、CSAの重要な特性の一つとなっている。

以上のCSAの特徴を表したものが図3であるが、この図はあくまでもごく一般的なCSAの例であるということも言い添えておきたい。実際にはさまざまなケースがあり、全く同じCSAは存在していないともいえる。

「産直」や「生協」とどう違うのか

ＣＳＡは「産地直送〈産直〉」や「生活協同組合〈生協〉」の取り組みと混同されることがよくあるが、実際は異なっている点の方が多い。

まず、産直との違いについて述べる。産直はＣＳＡ同様、農家が消費者に農作物を直接提供する仕組みだが、農家の経営リスクを消費者が共有していない点がＣＳＡとは大きく異なっている。消費者が支払う対価に見合う農作物を収穫できることが大前提になっており、その一番難しい業務を農家だけがリスクを負って行う状況にある。中間流通業者を介さない分、農家の収入は増加し、消費者とコミュニケーションをとることもできるが、産直利用者の大半が品質の良い新鮮な農作物を購入することを目的としているため、販売と購入の関係だけで終わることが多い。

また、ＣＳＡは農作物が不作になったとしても農家側は返金の必要がなく、栽培前に年会費を受け取れるため、資金繰りの問題もある程度は解消できる。品目ごとの市場の相場を気にする必要もない。不作の状態が何年も続けば会員は離れていってしまうが、挽回のチャンスがあり、翌年に魅力的な農作物ができれば会員は一緒に喜んでくれる。

次に生協とＣＳＡの違いについて述べる。どちらも会員制で、食べ物の提供にとどまらず、組合員〔会員〕が豊かな生活を送るためのサポートも活動範囲に含めているところは類似している。だが、生協の中には市場が存在している。この違いは大きい。一般に生協で集められる農作物は運営サイドの事務局が選定しており、農家は自分たちが作った農作物を常に取り扱ってもらえる確約はない。

その選定には組合員のニーズが大きく影響しており、組合員から選ばれなければ注文がないため、産直と同じ問題を抱えることになる。一部の進んだ生協では農家に農業に専念してもらうため、生産した全量を買い取るところも存在する。ＣＳＡの「リスクの共有」の概念に近く、素晴らしい取り組みだといえる。

だが一方で、生協では農作物の価格を農家が決めることはできない。ここもＣＳＡと生協の違いである。生協での価格の決定方法は、農家と運営サイドの事務局が相談して協調的な価格に落ち着くことが多く、必ずしも農家が希望する価格で販売できるとは限らない。年会費も、ＣＳＡでは農家が一年間で必要な費用や利益を計上した金額を提示できるが、生協を活用する農家にはそこまでの価格決定権はない。

生協の主目的は品質の良いものを相応の価格で、かつ安定的に供給し、組合員の生活の充実を目指すことであるため、地域コミュニティの活性化までは視野に入っていない。それでも近年の生協では組合員同士の交流会や農場訪問ツアーが企画され、ＣＳＡの良い部分と重なる動きが見られるようになってきた。ＣＳＡの会員の中にも生協に加入している人が少なくないという。

CSAの誕生と歴史

日本の「産消提携一〇カ条」との共通理念

ＣＳＡ発祥の地はアメリカで、一九八六年に二つの農場で実践された。一つはマサチューセッツ州のインディアン・ライン・ファームで、前述したロビン・ヴァン・エンらが中心となって実践したものである。もう一つは、ニューハンプシャー州のテンプルウィルトン・コミュニティ・ファーム。トラウガー・グローらが中心となって展開した。だがＣＳＡの発想自体が生まれたのは日本であるという説がある。

日本ではＣＳＡが誕生する以前の一九七一年にＣＳＡと似た「産消提携」の概念が誕生し、実践され始めた。ＣＳＡと異なっていたのはその目的である。ＣＳＡは食べる人の健康や地域コミュニティに対する貢献といった要素が強いが、産消提携は農薬で苦しむことなく、体に害のない農作物を食べることを目的とした色合いが強かった。

その理由は、一九六〇年代の日本は化学肥料や農薬に頼った農業が推進され、農薬等による健康被害が多発したことにある。一九七一年には日本有機農業研究会が設立され、農家と消費者との関わりを記した「提携の一〇カ条」が発表された。そこには「生産者と消費者の提携の本質は物の売り買いの関係ではない」ことをはじめ、農作物が全量引き取られること、選別や荷造り、包装の労力と経費が節約されること、メンバー同士が接触する機会を多く持つことなど、現在のＣＳＡに通じる内容が書かれている。

ＣＳＡがアメリカで実践される一五年前のことであり、実際にアメリカでＣＳＡの農家に聞くと、多くの人がＣＳＡの発祥は日本であると回答している。

生産者と消費者の提携の方法（提携の一〇カ条）

相互扶助の精神

一．生産者と消費者の提携の本質は、物の売り買い関係ではなく、人と人との友好的付き合い関係である。すなわち両者は対等の立場で、互いに相手を理解し、相扶け合う関係である。それは生産者、消費者としての生活の見直しに基づかねばならない。

計画的な生産

二．生産者は消費者と相談し、その土地で可能な限りは消費者の希望する物を、希望するだけ生産する計画を立てる。

全量引き取り

三．消費者はその希望に基づいて生産された物は、その全量を引き取り、食生活をできるだけ全面的にこれに依存させる。

互恵に基づく価格の取決め

四．価格の取決めについては、生産者は生産物の全量が引き取られること、選別や荷造り、包装の労力と経費が節約される等のことを、消費者は新鮮にして安全であり美味な物が得られる等のことを十分に考慮しなければならない。

相互理解の努力

五．生産者と消費者とが提携を持続発展させるには相互の理解を深め、友情を厚くすることが肝要であり、そのためには双方のメンバーの各自が相接触する機会を多くしなければならない。

自主的な配送

六．運搬については原則として第三者に依頼することなく、生産者グループまたは消費者グループの手によって消費者グループの拠点まで運ぶことが望ましい。

会の民主的な運営

七．生産者、消費者ともそのグループ内においては、多数の者が少数のリーダーに依存しすぎることを戒め、できるだけ全員が責任を分担して民主的に運営するように努めなければならない。ただしメンバー個々の家庭事情をよく汲み取り、相互扶助的な配慮をすることが肝要である。

学習活動の重視

八．生産者および消費者の各グループは、グループ内の学習活動を重視し、単に安全食糧を提供、獲得するためだけのものに終わらしめないことが肝要である。

適正規模の保持

九．グループの人数が多かったり、地域が広くては以上の各項の実行が困難なので、グループ作りには、地域の広さとメンバー数を適正にとどめて、グループ数を増やし互いに連携するのが、望ましい。

理想に向かって前進

一〇．生産者および消費者ともに、多くの場合、以上のような理想的な条件で発足することは困難であるので、現状は不十分な状態であっても、見込みある相手を選び発足後逐次相ともに

前進向上するよう努力し続けることが肝要である。〔一九七八年一一月二五日、第四回全国有機農業大会で発表。〕

CSAスイス起源説

一方で、CSAの起源はスイスであるという説も根強い。スイスでは一九七〇年代にCSAと類似した仕組みが始まり、それをジャン・ヴァンダーチュインがアメリカに持ち帰り、インディアン・ライン・ファームで実践したという見方である。スイス説については実際に証人もいるため信憑性がかなり高いが、スイスの取り組みと日本の産消提携の関係性が不明なため、確実にスイスが起源であるとも言い難い。

いずれにしても、CSAという活動はアメリカが発祥の地であり、それが日本に持ち込まれて、七〇年代当時の産消提携とは異なる形で現在進行形で実践されている。産消提携とCSAは多少の差異はあるが、日本ではそれぞれの実践者や研究者同士が協働して研究会を開催するなど、協力してこの取り組みを維持・発展させようという動きが見られている。

フランス・イタリアのCSA

フランスのCSAはAMAP〔Associations pour le Maintien d'une Agriculture Paysanne〕という名称になっており、二〇〇一年に取り組みが始まっている。アメリカを訪問したフランス人農家がCSAのことを知り、フランスに戻って独自の取り組みを実践したのである。一軒の農家から始まり、約一〇年で一五〇〇軒、二〇年余りで合計二〇〇〇軒以上に増えている。主な仕組みはＣＳＡと同じだが、異なる点の一つに、複数の農家でＡＭＡＰを形成し、会員に対して安定的に多品種の農作物を提供できる仕組みになっているほか、乳製品、肉類、果物、加工食品、ワインなど多様な食品を提供しているところもあげられる。ほかにイタリアではＧＡＳ（Gruppo di Acguisti Solidale）と呼ばれるなど、各国でＣＳＡ活動が展開され、それらの動きを組織化した世界規模の団体ＵＲＧＥＮＣＩが情報交換や研究会を開催し、ＣＳＡの取り組みは一層広がっている。当初は欧米諸国が中心だったが、現在は安全で安心な農作物を入手できるＣＳＡに魅力を感じた中国でも普及が始まっている。今後はアジアを含め世界各国に広がっていくと考えられる。

日本のＣＳＡのフロンティア――北海道「メノビレッジ長沼」の取り組み

日本でＣＳＡを実践している農家はまだ多いとは言えないが、徐々に増えてきている。国内でＣＳＡを早期に実践したのが、一九九六年から始めた北海道の長沼町（ながぬま）「メノビレッジ長沼」である。公式の記録はないが、恐らく日本で最も早くＣＳＡに取り組んだ農場として知られ、現在はＣＳＡからさらに考えを発展させ、不耕起栽培など高度で新しい農業を実践している。視察や研修生の受け入れも行っていたため、メノビレッジ長沼からＣＳＡの実施方法を学んだ農家は多い。現在は研修生が巣立ったことなどからＣＳＡを実践していないが、本項ではメノビレッジ長沼がどのようなＣＳＡを実践していたのかを紹介する。

キリスト教会の有志から誕生

メノビレッジ長沼は一九九五年に札幌市のメノナイトキリスト教会の有志が、札幌から車で小一時間ほど走らせる長沼町で立ち上げ、翌年の一九九六年からＣＳＡを実践した。ＣＳＡは通常、農家が主体となって進められるが、メノビレッジ長沼の場合はすでに農家を実践している人に委託するのではなく、初めから会員が主体となる非常に特殊なケースであった。

農場主はレイモンド・エップ氏と荒谷明子氏の夫婦で、作付面積は約五ヘクタールから始まり、その後一八ヘクタールに拡大した。農作物は常に三〇品目以上。そこに米づくりも加わり、さらに途中から鶏を飼ったり、パンを焼いたりして希望する会員などに別途販売もしていた。ＣＳＡにより提供されるのは野菜で、夏から初冬までの間、隔週で毎回一〇～一五品目程度の農作物が会員に配られた。主な会員は札幌市在住者であり、ピックアップポイントは、会員宅の車庫や物置に複数世帯分のベジタブルボックス（野菜を入れた箱）を置いていた。

冬季など時間のある時は工房で焼いたパンを長沼町の住民にも販売していた。野菜以外の米、パン、卵などの販売はＣＳＡの事業を支える貴重な収入源になっており、ＣＳＡで信頼関係が構築されている会員にも喜ばれていた。

事業収支の公表と所得に応じた年会費の減額

メノビレッジ長沼にはCSAらしい取り組みがいくつもあった。まず、事業収支の公表である。毎年、前年度はどのような経費が使われたのかを公表し、事業の透明化を図った。これによって会員との信頼関係はさらに厚いものとなり、費用の内訳を知って会費が決して高くないことを知る会員も少なくなかったという。

次に、所得に応じて年会費を減額する「スライディングスケール」を導入していた時期があった。CSA先進地のアメリカでは「スライディングスケール」によって減額された分は、会員が農作業などの労働で補うことができる。アメリカでは農作物が二極化しており、「高いものは新鮮で安全、安いものは大量生産で農薬等が大量

メノビレッジ長沼の不耕起栽培

にかかっている」という暗黙の了解があり、CSA志向の人は所得が比較的高い人が多い傾向にある。その点、メノビレッジ長沼の会員は所得が高い人もいれば、そうではない人もおり、「スライディングスケール」の導入によって理念や思いに賛同した人が会員を維持しやすい環境を整えていた。

研修生・ボランティアの受け入れ

ＣＳＡのような特殊な農業を実践していたことで、研修生が集まりやすいという利点もあった。新規就農を検討している人や何か新しいことをしたいと思う人がメノビレッジ長沼を訪れ、研修生やボランティアとして働いた。これが慣行農業を実践する農家だったとしたら、ボランティア希望者が集まることは滅多にないが、メノビレッジ長沼は農業以外にも環境活動に積極的に取り組み、薪ストーブの暖房熱をシャワーなどの湯沸かしに活用するなど先駆的な活動を実践していたため、惹かれる人も多かったと考えられる。旅行の際に立ち寄る人や有機農業に興味を持つ人たちが集い、交流の場としての役割も果たしていた。

会員との交流のためにニュースレターを発行していたのも先駆的である。気持ちを伝えるため、一部手書きで構成し、会員にも好評であった。このニュースレターを使った会員への情報発信はＳＮＳが普及した現在ではオンラインに置き換わっているところもあるが、現在全国のＣＳＡで実施されており、多くの農場から参考にされてきた。内容は農場に関することのほか、農業とは無関係な農家の日常や社会問題への思いなども語られ、むしろ無関係な内容の方が共感を得られることが多々あったという。

これと並行して、メノビレッジ長沼では定期的に会員と直接話し合う場も設けており、新たに栽培してほしい農作物の検討なども行われた。設立自体は信仰を同じくする人たちによるものだが、じきにメノビレッジ長沼のＣＳＡそのものに魅力を感じて会員になる人も増えていった。

周囲との良好な関係を築きながらの有機農業の実践

ＣＳＡは特殊な農業であるため、周辺農家との関係があまりよくないことも考えられるが、メノビレッジ長沼では町が取り組む農業の方針や活動にも協力し、資材の一部などは農協から調達するなどして周囲と良好な関係を築いていた。

そして何よりもこだわっていたのが有機農業の実践であった。農業に関するものは極力自然でできたものにこだわり、ときにはジャガイモの貯蔵庫など必要なものを自ら作り出すこともしていた。

多種多様な取り組みが多いＣＳＡの中で有機農業の実践は最も地道かつ困難なことであり、農家の人柄と並んで会員の求心力となる要の部分である。農場主たちは常に最新の農業について学習し、必要であれば海外からも文献を取り寄せるほど勉強熱心である。会員よりも会員の健康のことを真剣に考えているからこそ、農法や農作物に強いこだわりを持ち、それがまた多くの人が集う原動力になっていたのである。

ＣＳＡの先進事例――ファーム伊達家（札幌市）、ビオクリエイターズ（神戸市）、井原山田縁プロジェクト（糸島市）

続けて全国の先駆的事例を紹介する。

北海道札幌市・ファーム伊達家

札幌市南区藤野(ふじの)にあるファーム伊達家(だてけ)は、現在北海道のCSAの中でも特に知られている農場である。農場主の伊達寛記氏はメノビレッジ長沼の元会員かつ研修生であった。独立してCSAを始める際に、メノビレッジ長沼の会員の一部を引き継いだ。以前は同じ南区の豊滝(とよたき)にあったが、二〇一八年に住宅街の藤野に引っ越し、六反五畝の農場を運営している。年会費は一万一〇〇〇円で、七月から一一月までの間、隔週で農作物が届く。農作物の代金は基本二万四〇〇〇円、品目により七〇〇〇~八〇〇〇円が上乗せされる。

ピックアップポイントは幼稚園にあり、園児の保護者たちのクチコミで新規会員が増え、園児が卒園した後も継続して会員になっている家庭が多いという。そこの私立幼稚園自体が自然から学び、感性を育むことを教育方針に掲げているため、健康や環境に対する保護者の意識も高く、理想的な場所にピックアップポイントが設置されている。

ファーム伊達家では定期的に農場でイベントを開催し、会員が農や自然と触れ合い、学習できる機会を設けている。イベントは農場主が楽しいと思ったことを企画し、参加者とその楽しさを共有するという方針である。「楽しくないと続かない」という考えのもと、ケーキ作りや収穫した野菜をトッピングしたピザを自家製の窯で焼くピザパーティなど、さまざまな企画が実施されている。参加費はその都度支払うことになるが、家族連れなど多くの参加者が集い、毎回盛況となっている。農場が住宅街に移ったことで以前より交通アクセスがよくなったことも、集客の要因の一つになっていると考えられる。

ファーム伊達家の求心力となる柱はいくつもあるが、特に二つ挙げられる。一つは品質の高い農作物である。野菜は全て無肥料・無農薬の自然栽培で育てており、固定種・在来種であるうえにそのほとんどを自家採種している。特にズッキーニは人気の野菜となっており、「野菜嫌いのうちの子がファーム伊達家のズッキーニなら食べられる」と喜ぶ会員もいるという。自家採種は一五年以上続けており、持続可能な農業の上に高品質の作物が実ることを証明している。

そしてもうひとつの求心力の柱は、農場主である伊達氏の誠実な人柄や農業に対する真摯な姿勢である。会員の方に会員継続の理由をうかがったところ、「伊達さんに惹かれて」という回答が多かった。入会時は高品質な自然栽培の野菜目当てだった会員もやがては農場主に共感し、「この人だから応援したい」という気持ちが強くなっていったようであった。

ファーム伊達家の農場

CSAだけで農業経営を成り立たせるのは、どこの農場も難しい。特に冬季は田畑が雪に埋もれる北海道は会員に農作物を提供できる期間が短いため、本州などに比べると年会費も下がることになる。ファーム伊達家ではＣＳＡのほかに地域の小売店やインターネット通販で、ズッキーニなど特定の農作物を販売している。アメリカのＣＳＡでも直売所での販売は広く普及しており、そこで農作物を気に入った人が会員となるよい呼び水になっている。

単身世帯が増加している昨今、かつてＣＳＡの会員の主流を占めていた核家族世帯も減少しつつある。旧来のＣＳＡの仕組みを上手に生かしつつ、社会の変化に対応した取り組みが求められている。

兵庫県神戸市・ビオクリエイターズ

兵庫県神戸市西区を中心に活動しているビオクリエイターズ〔ＢＩＯ　ＣＲＥＡＴＯＲＳ〕は、有機農作物の食卓への普及を目指して、複数の農家が集まってＣＳＡを実施している。現在六軒の有機農業農家で構成されている。会員向けのプランは一〇週間で二万円、隔週五週分で一万二〇〇〇円で、二、三人が四～七日食べる量の野菜が提供される。各農家が二品ずつ、食べ方の情報も添えて提供しているので、会員も飽きがくることなく食べることができる。

ビオクリエイターズの代表であり活動を中心的に担っているのが、ナチュラリズムファーム代表の大皿一寿氏である。各農家への連絡や業務の取りまとめを行っている。

ビオクリエイターズ創設のきっかけは、神戸市で毎週定期的に開催されているファーマーズマーケット「EAT LOCAL KOBE FARMERS MARKET」だったという。ここに出店していた大皿氏たちが、「CSAはやっていないのか?」という外国人からの問い合わせを受けたことがきっかけとなり、有志が集まり始まった。

定期的な配送のほか、いつでもローカルフードを購入できるようにと、実店舗のfarm standも運営している。運営スタッフはファーマーズマーケットに出店する農家のほか、料理やローカルフードに興味がある若者などが交代で行っている。

会員は五つあるピックアップステーションの中から都合のよい場所を選び、指定時間の間に取りに行く。ナチュラリズムファームと自然食品店、都市部にある貸農地、ファーマーズマーケットとfarm standの五カ所である。

ビオクリエイターズでは「FARM ARCHEMIA（ファームアルケミア）」という名称でイベントも展開し、地ビールづくりなども行っている。ビオクリエイターズの取り組みはファーマーズマーケット、常設店舗、イベントの催しなど、消費者にとっても参加しやすい取り組みが多く、食や生活への関心が高い神戸市の地域性が加味され、消費者とのコミュニケーションが活発に進んでいる。

福岡県糸島市・井原山田縁プロジェクト

次の事例は、九州に飛ぶ。福岡県糸島（いとしま）市の「井原山田縁（いわらやまでんえん）プロジェクト」は、農家と住民が協力して耕作放棄地を減らし、農地を有効利用することで里山を保全し、地域の伝統や文化を維持・継承しようとする活動である。専業農家ではない地域の人が「プチ百姓」となって棚田を守り、収穫した農作物によって地域の人の暮らしも支えることに取り組んでいる。プロジェクト名も田園を「田縁」としたところに目指す方向性が伝わってくる。

元来、棚田は地形が悪く農地としては扱いづらいため、耕作放棄地になりやすい。棚田の有効活用は難しいとされてきたのである。そこを井原山田縁プロジェクトでは、棚田イコール単なる農作物の生産の場に終わらせず、棚田に雨を蓄えてから地下に浸透させることで洪水や水不足を防ぐ防災の役割や、美しい景観を維持する役割などの付加価値を見出している。

耕作放棄地ゼロを目指して

井原山田縁プロジェクトは「耕作放棄地ゼロ」を掲げ、二〇〇四年に開始された。代表者の川口進氏は福岡県の元職員である。井原山で棚田を守ってきた人たちの高齢化により耕作放棄地が増えていく問題を知り、業務とは別でプロジェクトを推進してきた。

「プチ百姓」として棚田での農業に参加する人は、公式には「米づくりサポーター」と呼ばれ、基本的にはボランティアである。米づくりサポーターになると、田植えや草取りなどの農作業を行うことができる。棚田は三一〇アールの田んぼ三五枚分。会費は世帯単位で、入会金一五〇〇円と年会費八〇〇〇円がかかる。それでも毎年一五〇世帯を募集する米作りサポーターは例年応募が殺到し、早々に定員が埋まるという。

井原山田縁プロジェクトの棚田

農作業は主に土日に行われ、家族での参加も多い。農作業に参加すると、地域通貨の「ぎっとん券」がもらえる。半日の労働で五〇〇円相当の「ぎっとん券」を受け取り、それを使って棚田で収穫した米を購入することができるほか、味噌づくりや餅つきなどの体験イベントの参加費や地域で提携している店舗での食事や買い物に利用できる。家族で参加した場合は人数分の地域通貨を受け取れるため、一定以上の農作業を行うと年会費の元を十分取れるようになっている。

井原山田縁プロジェクトの一連の取り組みは、本人たちが「ＣＳＡ」と名乗っていないため、ＣＳＡ研究者の間ではあまり知られていない。しかし、その実態は先払いの会員制に始まり、地域を支えるという目的、農作業による農村との関わり、会員の教育や生活の向上を願うこと、会員同士の交流など、ＣＳＡと重なるところが多分にある。米づくりサポーターの中には、農場主のような役割を担う川口氏の理念に共感して会員になっている人もいた。このように、ＣＳＡと主張していない取り組みの中にもＣＳＡ同様に地域を支える農業活動が実施されている。

全国には四〇万ヘクタールを超える耕作放棄地があり、今後も農業従事者の高齢化や離農者の増加に伴ってその面積が拡大することが懸念されている。井原山田緑プロジェクトのような取り組みは、地域に根付く伝統・文化の維持や持続可能な農作物の生産、住民たちのつながりの強化など、日本の農業問題の解決に大きく貢献する取り組みといえる。

CSA実施のハードルを下げる中間支援組織

CSAの中には、自身は農業を実践しておらず、農家と消費者との中間に立って農作物の提供や交流を促進している団体や個人がある。それをCSAの中間支援組織と呼んでいる。自ら農業を実践していない組織の活動をCSAと呼んでよいのか賛否はあるが、発祥の地アメリカでは中間支援組織もCSAとして認識されている。

中間支援組織は本来であれば農家が行う業務、会員募集や情報発信を代理で行うほか、ピックアップポイントを準備・設置することもある。日本では自然食品取扱店やカフェの経営者などが中間支援組織の代表となって、複数の農家を集めてCSAの活動を行うケースが定着しつつある。

これによって農家は農作業に専念でき、時折、交流のためのイベント参加や情報提供に協力する程度の労力でCSAに参加できるメリットがある。CSAにまつわる全てを農家が自分たちでやろうとすれば、相応の覚悟と時間が必要だ。そうした作業を分担する分、会費から一定の手数料が中間支援組織に支払われる仕組みになっている。

中間支援組織によるＣＳＡは複数の農家で構成されていることが多いため、バラエティーに富んだ農作物を会員に提供できる。中間支援組織側は異なる農作物を生産している農家を選び、農家側は少ない品目の生産をしていたとしても自信がある生産物があれば、ＣＳＡを実施することができる。一軒の農場がＣＳＡを始めるとなると数十種類の農作物を栽培しなければいけないが、このやり方であれば農家は一種類からでも参加できる。

同時に消費者はさまざまな考えや熱い思いを持つ農家の農作物を食べながら、多くの農家を知ることができる。さらに消費者にとって嬉しい点は、提供頻度の高さである。一農家によるＣＳＡでは農作物の提供は隔週または毎週の場合も期間限定だったりと、収穫状況や農家の業務量により制約を受けるが、中間支援組織によるＣＳＡであれば多くの農家から農作物を集められるため、一年を通して安定した農作物を受け取りやすくなる。

中間支援組織によるＣＳＡのデメリット

他方、中間支援組織によるＣＳＡのデメリットがないわけではなく、農場で直接運営するＣＳＡよりも農家の存在があまり表に出ないことが挙げられる。目立つことを好まない農家にとっては取り組みやすいが、会員からすれば農家と交流を図りたくてもそのような機会が少ないことがある。

その延長で農家の思いも共有しやすいとはいえず、ＣＳＡの会員という感覚があまり持てず、農作物を購入しているだけという物足りなさを感じる会員もいるかもしれない。

　このような事態に陥らないように、中間支援組織は流通の仕組みだけでなく、両者の心情的なコミュニケーションの促進にも力を入れることが望ましい。農家との交流は、農作物の品質の維持と並んで会員の維持・新規獲得にも直結する要素であるため、中間支援組織にとっては特に重要な業務といえる。

　奈良県の中間支援組織「五ふしの草」は有機農作物や自然食品を取り扱う食料品店で、農家グループを作ってＣＳＡのファームシェアを行っている。会員は五ふしの草経由で各農家の状況を知ることができる。また、五ふしの草では毎月一回、農作物のほかに健康や環境によい食品などを取り扱う店舗が多数出店するファーマーズマーケットも運営している。そうした場を通して、有機農業だけでなく環境問題を含む社会活動にも関心が高い消費者と農家のつながりが一層強くなっているように見える。

　国内においてＣＳＡの中間支援組織の数はまだ多くはないが、高品質な農作物を生産しても購入してくれる人を探すのが大変な農家にとっては有効な解決策であり、何より個別に実施するには負担が大きいＣＳＡのハードルを下げる試みでもある。今後はその必要性が理解され、数も増加するだろう。

ＣＳＡ普及はエシカル消費をはじめとする社会貢献や環境保全を意識した消費をもたらす

近年ＣＳＡを実践する農家が増えている背景には、地域の課題解決や社会問題の解消に農家が自発的に取り組んでいることのほか、社会的な取り組みの実践者を高く評価する消費者が増加していることも挙げられる。日本では高品質なものをなるべく安価で購入することを求める消費者が多い。それは消費者にとっては理想であるが、生産者にとっては苦労して生産した高品質な農作物が安価で買い叩かれ続けては活動を継続できず、農業の衰退につながる。そうすると安価で買い叩いてきた行為のツケは、まわりまわって消費者のところに返ってきてしまい、理想とする農作物の提供そのものがなくなってしまう。

繰り返しになるが、ＣＳＡは「地域で支える農業」であるため、会員は農作物を買い叩くようなことはせず、農家が長く農業を実施できるように適正な年会費によって支援する仕組みである。現在はエシカル消費（消費者それぞれが各自にとっての社会的課題の解決を考慮したり、そうした課題に取り組む事業者を応援したりしながら消費活動を行うこと）をはじめ、社会貢献や環境保全などを意識した消費が行われるようになってきており、少しでも得をするために価格を値切ったりする近視眼的な考えから全体最適を考える消費者が増加してきた。こうした動きを踏まえると、まだ少数派であるＣＳＡに対して理解を示す国民が今後増えると考えられる。そしてこのような消費は間接的に農業の振興にもつながる。

ＣＳＡの普及に必要なものは、まず消費者教育である。「少しでも安く買うことがよい買い物である」という従来の考えに疑問を呈する教育を幼少のうちから行い、「適正価格で取引することが社会を発展させる」ということについて学ぶ機会を浸透させていけば、やがては社会システムが持続可能となる。

自分が得をするということは、必然的にどこかで誰かが損をする状況を生むものだとはいえ、これまで農業においては生産者である農家が損をすることが多かった。自分が作った農作物の価格を自分で決められず、レストランで高額な料理が提供されている一方で、農作物の価格が数十円上がるだけでも高いと憤る国民の感覚は、長い目で見ると農業を滅ぼすほどの力を持っており、消費に対する学習は国の発展のためにも喫緊の課題といえる。

ＣＳＡでは有機農業や自然栽培など、化学物質の農薬や肥料を用いない農業が推進されてきたことはすでに触れた。これは暗に農作物を大量に生産したとしても農家の収益はさほど潤うわけではないことを示唆しており、何より会員の多くが環境や健康によい農作物を期待しているからである。

日本の農作物における有機農作物の割合は、面積ベースでは〇・二パーセント、売上高ベースでは〇・五パーセントと他国と比べてかなり低い。環境への意識が高いドイツでは面積ベースで八パーセント、売上高ベースで一〇パーセントと大きな開きがある。日本でもＣＳＡが普及すれば、有機農業の推進につながる。現在は有機農作物を求める消費者の方が多く、生産が追いついていない状況だが、適正価格での取り引きが進むことで有機農業の生産も増加すると考えられる。

フードロスもCSAが解決の糸口

意外に思われるかもしれないが、フードロスの問題もＣＳＡが解決の糸口となる。ＣＳＡの会員にはフードロスが少ない。その理由は農作物を作っている人が誰かわかり、その思いを理解しているからである。さらに会費も安くはないため、農作物を大切に食べるからである。自宅で家庭菜園をして収穫した野菜を食べる際、もし余ったら保存方法を考えて食べ切ることに努める人は多い。それは自分で作った野菜であるがゆえに栽培の苦労がわかるからである。

反対に、誰が作ったかわからない農作物であれば、不要であればすぐに捨てることに抵抗がなくなる。そのうえ安価で購入した農作物は、食べられる部分であっても「色が変だから」と見た目で切り捨てたり、おいしい部分だけ食べてあとは捨てたりと扱いがぞんざいになることは想像に難くない。農作物が今のような低価格で販売されている状況は食べ物を粗末にし、フードロスにもつながりうるということを、まずは自覚しておきたい。

ＣＳＡで実現できている農作物の適正価格での取引をさらに社会に広めるきっかけとして、新型コロナウイルス感染症対策により、その気運が高まってきている。ステイホーム期間中、家で食事をする人が増えた。今までは頻繁に外食をしていた人も自宅で料理をするようになり、外食に使っていた分の食費を食材に、しかも高品質な農作物に充てるようになってきた。

農家と消費者との交流の場を提供するＥＣサイト「ポケットマルシェ」では、二〇二〇年三月の会員数は五万人程度であったが、新型コロナウイルス感染症の拡大によって自宅で仕事や食事をする人が増えた結果、同年一〇月には二三万人まで会員が増加した。また、高品質の農作物や希少な農作物の販売を行う「オイシックス」では、二〇二〇年三月から二〇二一年三月までの一年間の利益が前年度比三八二パーセントに達し、巣ごもり消費の影響であると分析している。どちらのECサイトも扱っている農作物は小売店より高価格なものが多いが、消費者は「外食よりはるかに安く済む」と判断したのだろう。農作物の値段を上げて適正価格を標準にするのは、まさにこのタイミングであるといえる。

CSAの理念は、たとえ最初から意図したものではないとしても、現在の社会問題の解決に直結するものが多い。CSAが支えるのは地域や農村だけではなく、社会や地球という規模にまで発展する可能性を有している。

日本におけるCSAの展望――買い叩かれない社会を作り、会員たちの居心地のよさを創出

第二章の最後は、日本のCSAの展望と課題について考える。

CSAを実践している農家の話では、どの農場も「会員希望者の数が少ない」という課題を抱えており、CSAの年会費だけで農場を維持できる農家は皆無に近い。すでに会員となっている消費者はエシカル消費や健康への意識が高く、食べ物への適切な支払いが可能な人たちが中心である。一

般の国民とは異なった感覚を持つ人たちであり、このような国民が増えるかどうかがＣＳＡの普及に直結してくる。

そのためには成果が出るまで時間はかかるが、やはり消費者教育を学校で取り入れるなどして、「農作物に対して適正価格で取引する」ことが当たり前になる状態を目指す必要がある。農家の収入が上がれば新規参入者も増え、農業を通じて農村が振興するようになる。消費者にとっては都合が悪いように思えるかもしれないが、実際はそうではなく、消費者が望むサービスを提供してくれる農家が維持できるため、消費者にとっても喜ばしい状態といえる。

思うにこの三〇年間、日本国民の給与がほとんど上がらなかったのは、専門家からもさまざまな理由が指摘されているが、自分だけの利得を考え、相手にひたすら安さを求め過ぎたこともその一因といえるのではないだろうか。

ＣＳＡの新たな仕組みづくり

消費者教育が成果を出すまでには長い年月がかかるため、農家はＣＳＡの会費収入を当てにし過ぎず、直売所やＥＣサイトを通じて柔軟に収入源を増加させることが重要である。世帯あたりの人数が減少している中で、数人で分けて食べることを前提とした従来のベジタブルボックスの見直しも新たな単身者層の会員獲得につながるかもしれない。社会の変化に合わせてＣＳＡの仕組みを変化させていくのは、これまでも行われていたことであり、難しいことではない。今までになかった新たな仕組みが、これからも時代の変化とともに生み出されていくであろう。

それと同時に、CSAが多くの会員を集められるかどうかは、「楽しさ」にかかっていることも忘れてはならない。楽しい活動であれば長く続くのは、農家も消費者も同じである。ファーム伊達家のイベントに参加する会員や井原山田縁プロジェクトに参加する米づくりサポーターたちは、その活動が楽しいから参加しているのであり、農作物を獲得することだけが目的では長続きしない。たとえ入会動機が高品質な農作物目当てであっても、会員を継続したいか否かは会員であることの楽しさにかかっている。

そのための鍵となるのは会員同士の交流である。農家と会員との交流は少なからず農家側の負担になり、時間的な制約もあるだろう。その点、会員同士の交流は農家の負担にならない。今も続いているCSAの大半は会員同士の交流が活発で、仲間意識や居心地のよさが生じているといえる。会員にとって心地よい居場所となれるか、それがCSA発展の大きな分水嶺になっている。

CSAは手段であり目的ではない。CSAの普及を促進させる目的は、農村地域の活性化にある。農業の衰退を防止し、農家の収入を高め、地域の文化や伝統を維持し、地域コミュニティが活性化する。消費者の望む高品質な農作物が栽培され、国民が健康で心身ともに豊かな生活を送ることができる――そのような社会を実現させる手段としてCSAがあることを、農業関係者だけでなく、これからのまちづくりや農都共生に関わる人たちにも知ってもらいたい。


（村瀬博昭）

第三章　農都共生の国内外の実践事例

「農業・農村の有する多面的機能」と「田園回帰」

農業・農村の一四の機能

本章では、各地域の取り組みを「農泊」「新規就農」「学生教育」「ＩＣＴ利活用」「温泉宿」「移住・定住」「農村女性の活躍」、そして「海外編」というテーマごとに紹介する。

その前にここでもう一度、農林水産省が掲げる「農業・農村の有する多面的機能」に触れておきたい。食べ物を供給するだけではない農業・農村の多面的機能は、次の一四項目に分割されている。

農業・農村の有する多面的機能

・洪水防止機能
・土砂崩壊防止機能
・土壌浸食（流出）防止機能
・河川流況安定・地下水涵養機能
・水質浄化機能
・有機性廃棄物分解機能
・大気調節機能
・資源の過剰な集積・収奪防止機能
・生物多様性を保全する機能
・土地空間を保全する機能
・地域社会を振興する機能
・伝統文化を保存する機能
・人間性を回復する機能
・人間を教育する機能

現在、農村地域は高齢化・人口減少が進み、農業就業人口は二〇一五年に約二一〇万人に減少し、

<table>
<tr><th>環境保全型農業直接支払交付金</th><th>中山間地域等直接支払交付金</th><th colspan="2">多面的機能支払交付金</th></tr>
<tr><td rowspan="3">農業者等が実施する化学肥料・化学合成農薬を原則5割以上低減する取り組みとセットで、地球温暖化防止や生物多様性保全に効果の高い営農活動に取り組む場合に支援。</td><td rowspan="3">中山間地域等において、農業生産条件の不利を補正することにより、耕作放棄地の発生防止や機械・農作業の共同化等、農業生産活動を将来に向けて維持するための活動を支援。</td><td colspan="2">地域共同で行う、多面的機能を支える活動や、地域資源（農地、水路、農道等）の質的向上を図る活動を支援。
</td></tr>
<tr><td>農地維持支払</td><td>資源向上支払</td></tr>
<tr><td>農業者等による組織が取り組む、水路の泥上げや農道の路面維持等の地域資源の基礎的保全活動や農村の構造変化に対応した体制の拡充・強化等、多面的機能を支える共同活動を支援。</td><td>地域住民を含む組織が取り組む、水路、農道等の軽微な補修や植栽による景観形成等の農村環境の良好な保全といった地域資源の質的向上を図る共同活動や、施設の長寿命化のための活動を支援。</td></tr>
</table>

表2　日本型直接支払制度

平均年齢は六六・四歳。耕作放棄地面積（以前耕作していた土地で、過去一〇年以上作物を作付けせず、この数年の間に再び作付けする意思のない土地）は毎年拡大傾向にあり、二〇一五年の耕作放棄地面積は富山県の面積とほぼ同じ約四二万ヘクタールに広がった（農林水産省統計部「農林業センサス」より）。

こうした背景から農業・農村の有する多面的機能の維持・発揮に支障が生じており、これを改善しようと二〇一四年からいくつかの支援制度「日本型直接支払制度」が始まっている。例えば「多面的機能支払交付金」「中山間地域等直接支払交付金」「環境保全型農業直接支払交付金」などである。

次項から紹介していく各地の農都共生の事例は、先の一四項目の多面的機能の中でも「伝統文化を保存する機能」「人間性を回復する機能」「人間を教育する機能」など、複数の機能がクロスオーバーする取り組みを実践しているところが多い。どの機能も有機的につながりながら、農業・農村ならではの価値に光を当てているところに注目していただきたい。

注目される田園回帰の現象

農都共生を実践するにあたって農業・農村の有する多面的機能と並んで、もう一つ重要なキーワードがある。「田園回帰」である。「田園回帰」とは、都市の住民が農山村に移住する現象を指している。日本で田園回帰が話題になり始めたのは二〇一四年からで、地方消滅論に対する反作用として注目された面もある。二〇一五年五月に公表された「食料・農業・農村白書」の特集は「田園回帰」であった。この白書は閣議決定を経たもので、「田園回帰」という言葉を政府文書として初めて使っている。一方、「国民の農山漁村に対する意識調査」という内閣府の世論調査では、都市住民に「農山漁村に定住したいか」というシンプルな質問をしたところ、男女問わず肯定する傾向がみられ、国民の「田園回帰」志向が裏付けられている。

ちなみに欧米では、カウンターアーバニゼーション〔逆都市化〕という言葉が使われ、一九七〇年代のオイルショック以降、すでに欧米の先進国の人口は農村部に逆流し始めていた。その典型はイギリスのイングランドで、ある程度の年齢になったら田園風景の美しい農村に移動する人が多く、その傾向は今も続いている。日本で今起きている「田園回帰」は、欧米から四〇年遅れの現象ともいえる。

そうした田園回帰の流れの中で農都共生の具体的な実践のあり方の一つが、第一章で述べた「農泊」である。次項から日本各地と世界各国の農都共生の先行事例を見ていくが、その前に日本の農泊発祥の地についてもう一度触れておきたい。

農泊発祥の地――宇佐市安心院町

「農泊発祥の地」といえば、西日本有数のぶどう産地である大分県宇佐市安心院町。一九九三年にぶどう農家の宮田静一さんを代表とするアグリツーリズム研究会が立ち上がり、一九九六年には「安心院町グリーンツーリズム研究会」と改称して活動を続けた。町内のワイン祭りに来たお客様に実験的にB&B（朝食とベッド）を提供し始めたことが「会員制農泊」の始まりだという。近隣都市部の中学高校の体験旅行や教育旅行も受け入れ、農村民泊の略称を「農泊」として商標登録も取るなど、その抜きん出たアイデアと行動力で全国から一目も二目も置かれているのが農泊先進地安心院町なのである。

私も何回かお邪魔しているが、ゆったりとした時間が流れ、美しい風景に包まれ穏やかな気持ちになれる場所だと感じる。「心安らぐ場所は田園地帯にこそある」と安心院町を訪れるたびに強く思う。

さて、これから紹介する日本各地、世界各国の農都共生の先行事例を「多面的機能」「田園回帰」の観点から見ていきたい。同時に、「自分たちのまちだったらどうするか」という視点からも見ていくことで、農都共生の本質とその実践の足がかりも見えてくるだろう。

（林 美香子）

［農泊事例］北海道鶴居村のオーベルジュ

私が農泊の成功事例を紹介するとき、真っ先に思い浮かべる顔がある。北海道の東部にある人口約二六〇〇人の鶴居（つるい）村。特別天然記念物のタンチョウが生息する釧路湿原が広がる小さな村の服部政人さん・佐知子さんご夫婦の笑顔だ。

北海道の阿寒（あかん）町（現・釧路市）に生まれ、『赤毛のアン』のような自給自足の暮らしに憧れていた佐知子さんは大阪の調理師学校に通ううちに、当時電電公社（現在のNTTの前身）に勤めていた自然と動物が大好きな大阪出身の政人さんと出会って結婚。二人の子どもが生まれ、一家は子育てによりよい環境を求めて一九九一年、北海道へ移住する。

佐知子さんの故郷・阿寒町と鶴居村は同じ釧路管内にある酪農のまち。夫婦で正職員の鶴居村酪農ヘルパーに採用され、一九九九年には佐知子さんが一目惚れした小高い丘で小動物とのふれあい牧場とファームレストラン「ハートンツリー」を開店。翌年ゲストハウスやコテージを併設し、「丘の上のオーベルジュ　ハートンツリー」が誕生する。「オーベルジュ」とは中世のフランス発祥の宿

鶴居村のオーベルジュ「ハートンツリー」の外観

泊もできるレストランのこと。ハートンツリーでは現在、鶴居村の牛乳を使ったチーズづくりなどの体験メニューも提供している。旅行者が有機農家で手伝いをする代わりに食事や宿泊場所の提供を受けるロンドン発祥の仕組み「ＷＷＯＯＦ〈ウーフ〉」にもホスト登録したことから、世界各国から訪れるウーファーたちの〝第二のふるさと〟にもなっている。

　服部夫婦のユニークさは、このオーベルジュの成功だけにとどまらない。自営の「ハートンツリー」で妻の佐知子さんが存分に腕を振るう一方で、夫の政人さんは二〇〇一年に鶴居村振興公社の企画課長に就任。二〇〇三年には村の酪農家たちと「鶴居村あぐりねっとわーく」を立ち上げ、インバウンドも視野に入れた農泊や農業体験の企画に乗り出している。こうした「地域に溶け込んだ新しいビジネスの展開や、外国人との交流による鶴居村の魅力発信など、第二のライフスタイルを精力的に満喫している点」が評価され、二〇〇六年度の第四回「オーライ！ニッポン大賞ライフスタイル賞」も受賞した。

助成金を活用してスタートさせた農泊事業

北海道に移住して二〇年、誰もが認める村のグリーンツーリズムの牽引者になった政人さんは、二〇一二年、鶴居村観光協会がＮＰＯ法人化した「特定非営利活動法人美しい村・鶴居村観光協会」の初代事務局長に就任した。持ち前のコミュニケーション力、電電公社勤務時代に培った事務能力や企画力は、情報受発信力が乏しい農村の観光協会の仕事に打ってつけの資質だった。その政人さんが鶴居村のグリーンツーリズムの柱になると見込んで、つねに強い関心を寄せていたのが「農泊」だった。政人さんが言う。

「鶴居村の農村観光は、二〇〇八年に『日本で最も美しい村』に登録されたことが大きな転機となりました。観光協会の名称にも『美しい村』と付けて、村の中長期計画の中でも『二六〇〇人の村、暮らすような旅』を掲げています。もちろん以前からタンチョウや釧路湿原を目当てに観光客は来ていましたが、彼らはタンチョウの写真を撮ったら満足して次の目的地に向かってしまう。この通過型観光にとどまっている現状を変えたくて、滞在型の『暮らすような旅』の提案に舵を切ったところに、農水省が力を入れ始めた農泊政策を聞いて〝これだ〟と思いました。国が示す方向性は、まさに私たちがやろうとしていることと同じ。我々のような小さな町村が今後生き残っていく手立ては、都市との交流しかありません。農泊は従来のピーアール不足を脱け出す大きなきっかけになると感じました」

早速、観光協会の中に「農泊推進協議会」を立ち上げた政人さんは、農林水産省の農泊推進事業がスタートした二〇一七年度から二年間、事業の認定を受けてモニターツアーを実施した。

「毎年上限五〇〇万円を全額交付してもらえると聞いて驚きました。これまでもいろんなグリーン・ツーリズムの制度や助成金を活用してきましたが、ここまで使い勝手のよい交付金をいただけたのは初めてのこと。農水省の本気を実感しました」

鶴居村が企画したモニターツアーは、湿原散策や釣り・サイクリング、チーズづくりなどを体験してもらい、観光客を呼び込むために何が必要かを二年間で検証する――というもの。交付金はサイクルツーリズムのための電動アシスト自転車一〇台の購入費にあて、ホームページのコンテンツリニューアルにも活用した。インバウンドに向けた魅力向上を探るため、「ハートンツリー」を手伝う外国人たちにアンケート調査も行ってみた。

「農泊は宿泊だけが目的ではなく、食や体験といったその土地の魅力を幅広く楽しんでもらうもの。『カントリーサイドステイ』などと名称の工夫をすれば、まだまだ広がる余地があると思います」

コロナ禍でも「思いついたことはどんどんやる」

二〇二〇年以降のコロナ禍でも服部さんたちは歩みを止めず、二〇二〇年から農泊を身近に感じてもらうために子連れワーケーションの誘致を始めた。また近隣自治体との連携を強化し、北海道のオホーツクのモニタリングツアーも行った。

「とにかく思いついたことはどんどんやる。未来の担い手である若い世代にも頑張ってもらって、いろいろやってみることが大切です」

その言葉のとおり、服部さん夫妻の三人のお子さんの末っ子で次男の大地さんはイタリアンのシェフとなり、現在「ハートンツリー」の厨房に立っている。二〇一七年、事業後継者として帰村し実家の店で修業した後、二〇一八年秋から、「ほっかいどう未来チャレンジ基金」で半年間本場イタリアの料理学校に留学。地域の伝統食材や料理を見直す「スローフード」発祥の地で食文化を学んできた。中でも興味をもったのが、ジビエ（狩猟肉）料理。地元に戻ってみれば、腕のよい猟師兼食肉処理の職人がいて、本格的にジビエに取り組める環境があった。その土地の食文化に触れるガストロノミーツーリズムとして、エゾシカ肉などのジビエ料理に力を入れている。地元の素晴らしい食材や景観を活かし、意欲的に取り組んでいる姿は頼もしい。

「鶴居村はコロナ禍でも役場の手厚い補助を受けて飲食店の廃業がなく、事業継承者を探している店もあるほど。タンチョウと湿原、美しい景観といった従来のグリーンツーリズムに、酪農の力やこの土地ならではの食をプラスして滞在を楽しんでもらう。農泊を軸にした『暮らすような旅』を実現できる環境が整ってきました」

そう語る服部さんの口ぶりから、大地さんたち若手の成長に寄せる期待が伝わってきた。

農泊で勢いに乗る鶴居村は、お酒に関する話題にも事欠かない。全国のクラフトビール好きにとって目下最大の関心事は、長年拠点を決めずに求められた先でクラフトビールを作っていたフ

ハートンツリーのランチ

リーランス醸造家の植竹大海さんが、鶴居村の廃校した小学校体育館を使って二〇二二年一一月にオープンしたブルワリー「Brasserie Knot」ではないだろうか。かねてより業界の醸造家不足を懸念していた植竹さんが村の廃校活用の話を聞きつけ、「人を育てるという目標に、学校という物件はこれ以上ないマッチング」と興味を示し、新ブルワリーの話がまとまった。また、二〇二二年五月には鶴居村と隣町の弟子屈町が連携し、原料ブドウが不作時に互いに補完できるワインの小規模醸造の国の広域構造改革特区「ワイン特区」に北海道で初めて認定されている。

さまざまな出会いや時期が重なったとはいえ、鶴居村がここまで盛り上がることができたのは、やはり「酪農の応援団」を名乗る服部夫妻の存在が大きかったと思う。佐知子さんがファームインを経営し、旅行者に〝鶴居のお父さん〟とも慕われる政人さんは観光協会事務局長。農泊を推進するうえで、これ以上の組み合わせは望めない。無論、この大前提として「観光協会として公平を貫く」政人さんの誠実な仕事ぶりが周囲に認められているからこそその家庭内〝官民両輪体制〟であることも書き添えておきたい。

「今、日本の農泊は本場ヨーロッパの農村観光に近づける光が見えてきた」と希望を語る政人さんは、佐知子さんと共に各地の講演会にも引っ張りだこだ。今では北海道の農泊推進に欠かせないリーダーとして官民双方の関係者から頼りにされている。

農泊の最前線はどうなっているか

このような鶴居村の事例を踏まえて、二〇二二年現在の農泊状況を「一般社団法人日本ファームステイ協会東京事務所」の事務局長大野彰則さんにうかがった。大野さんは農泊に関心を持つ自治体向けのサービスを提供する「株式会社百戦錬磨」の農泊事業部長も兼任しており、農泊の最前線を知る人だ。

「農村や自然の魅力を生かしたアグリツーリズムはヨーロッパが発祥ですが、現地の成功事例やニーズの高さを見ると、日本でも新しいツーリズムとして農泊が浸透する可能性は十分にあると考えています。農水省の農泊推進事業の充実度からもわかるように、これからの農泊は持続可能なビジネスを目指す時。交付金の上限五〇〇〇万円全額が二年間交付されるということは、総額一〇〇〇〇万円を農泊のために使える画期的な制度です。これをどう使うかは、そのまち次第。セミナーや勉強会に使ったり、あるいは外部からアドバイザーを呼んで観光コンテンツの洗い出しやプログラム作り、モニターツアーを企画したりするなど、さまざまな用途が考えられます。宮城県蔵(ざ)

王町（おうまち）では、別荘地の空き家をリノベーションした一棟貸しがコロナ禍でも人気がありました。一棟貸しはニーズが高く、実はフランスでも農泊の八割が一棟貸し。農泊が田舎の空き家問題を解消する糸口になるかもしれません。ほかに田舎にある遊休資源（企業が持つ稼働していない資産）や廃校、古い行政の建物・城・寺社仏閣なども宿泊先の候補になりえます。新しく何かを誘致したり建てたりするのではなく、今ある資源を活用してその土地の食や伝統文化と組み合わせるやり方を各地の状況に合わせてご提案しています」

「農泊を成功させるコツはありますか？」という質問には、「未来志向」というキーワードが返ってきた。

「まずは行政、特に首長を巻き込むことが大切ですが、それと同じくらい重要なのは、これまでまちの礎を築いてくれたご意見番の方々に〝まちの未来のためにやろうとしている新しいチャレンジ〟を見守ってもらう関係を築くこと。まち全体が未来志向になるための勉強会やセミナーが非常に重要です。自分たちだけで考えると煮詰まってしまいそうな時は、ぜひ外部の視点を取り入れて。どこから手をつけたらいいのかわからないという時は、私どもに気軽にお問い合わせください」

北海道農泊のフロントランナー、服部政人さんからも「まちの中で話し合いをしながら、目標のベクトルを合わせていくことが大切」という一言があった。時代の追い風は吹いている。立場や世代を越えてまちの未来を共有する。そんな積年の課題にそろそろ本気で取り組む時が、訪れているのではないだろうか。

（林 美香子）

〔新規就農事例〕

北海道鷹栖町の元・やり手営業マンの米づくり

「新規就農とＪＡＬ」という、組み合わせのニュースを聞いたときは驚いた。聞けば、二〇二一年一〇月から日本航空は農山漁村振興交付金の地域活性化対策〔人材発掘事業〕採択事業として、首都圏の新規就農希望者を各地へ短期研修に送り込む「ＪＡＬ農業留学」に取り組んでいるという。コロナ禍で世界中の移動が止まり、大打撃を受けた航空会社が、新たな事業として地域活性化の中でも農村に着目したところに、大手企業らしい先見性を感じさせる。

「ＪＡＬ農業留学」にかかる交通費・宿泊費・参加費は全て会社が負担する。「農業に興味はあるが、移動や体験にも費用がかかる」と二の足を踏んでいた人たちには願ってもない機会だったのだろう、多数の応募が集まったと聞く。こうしたＪＡＬの取り組み以外にも、「キャリアのある人がなぜ農業を？」と驚くような、新しい価値観を持つ人たちが各地で活躍し始めている。

年収一〇〇〇万円を捨てて移住、稲作農家に

「年収一〇〇〇万円を捨てた稲作農家」――一瞬ドキリとするような見出しで農業専門の求人サイト「マイナビ農業」で紹介されていたのは、人口約六八〇〇人の北海道鷹栖（たかす）町にある「たかすタロファーム」の平林悠さんの家族だ。移住前の一家は名古屋暮らし。夫婦ともに大手製薬会社に勤務

し、営業職で全国を飛び回っていた平林さんは一〇人を超える部下を抱え、年収は見出しで書かれたとおりの額をもらっていたという。

だが子どもが生まれ、家族との時間を大切にしたいと考えるようになった平林さんの心のうちにはもう一つ、「自分で作ったお米を自分で販売して、食べてくれた人たちに幸せを届けたい」という、以前から温めていた農業への思いが膨らんでいった。明治大学農学部で学んだだけに、農業は身近な存在だった。就農フェアなどに参加するうちに北海道有数の米どころ、鷹栖町の存在を知り、そこで事業継承者を探していた七五歳の由良春一さんと運命の出会いを果たした。

「鷹栖町に決めた理由は、まず役場の対応がとても丁寧だったから。公益財団法人北海道農業公社の方を通して第三者農業経営継承を希望されている方のリストをもらい、由良さんを紹介していただきました」。そして由良さんを初めて訪ねたその日にすぐ、「泊まっていけ」と自宅に招いてくれた由良さんの思いと人柄に感銘を受けた平林さんは同町への移住を決意する。

平林さんが活用した「第三者農業経営継承」とは、移譲希望者の農地・施設・機械等の有形資産と技術・ノウハウなどの無形資産を家族以外の継承希望者に受け渡すことを通して、経営を継承する――というものだ。家族経営が主流だった農業を、血縁を問わない第三者に引き継ぐことで地域農業を守るマッチングシステムだ。北海道では両者の仲介を「公益財団法人北海道農業公社」が担当している。

さらに鷹栖町では、独自に「農業次世代人材投資資金」や「新規就農者確保対策事業」を展開している。前者は一人につき年間一五〇万円の補助金（夫婦なら三〇〇万円）が、後者は就農希望者を研修生として受け入れる農家に年間八〇万円（二〇二〇年度時点）が支給され、研修生には町内で就農後三年間にわたって年間二〇万円が支給される。この充実した受け入れ体制が、平林一家の移住の決め手となった。

「それと、自分は道産米のゆめぴりかが大好きだったんです。鷹栖町はゆめぴりかが開発された比布町の上川農業試験場のすぐ近くという環境にも惹かれました」

平林ファミリーの移住がメディアで紹介されるとき、大手製薬会社出身という経歴や事業継承だけでなく、もう一つ「すごい！」と思わせてくれるエピソードがある。それは都会から離れ、北海道移住&就農という人生の一大転機に不安を抱いていた妻の純子さんに対して、平林さんがプレゼンテーションを行ったこと。製薬会社で鍛え上げた営業力で、パワーポイントの資料三〇ページを作成した。

「四人家族が毎月一二キログラムお米を食べれば、年間一二〇キログラム（二俵）が消費される」「五〇〇世帯を顧客にできれば商売が成立する」といった具体的な数値を盛り込んだ就農計画を解説すると同時に、気になる町の教育環境も調べ上げ、純子さんの不安を一つずつ取り除いていった。

これは平林家に限ったことではない。新規就農に家族の理解は必要不可欠だ。当人の「思い」だけでうまくいくほど現実は甘くない。ビジネスシーンで使われるSWOT分析（自社の外部環境と内部環境をStrength（強み）、Weakness（弱み）、Opportunity（機会）、Threat（脅威）の四つの要素で要因分析することで経営・マーケティング戦略を策定すること）も取り入れた平林さんのプレゼンは二年半におよび、最後は純子さんも納得のうえで首を縦に振ったという。

そして二〇一六年春、平林ファミリーは師匠である由良さん宅近くの空き家に移住。住まいの修復と並行して、由良さんから米作りの基本を二年間学び、二〇一八年、独立して「たかすタロファーム」を開業。由良さんから継承した農地や機械で農業人としての第一歩を踏み出した。

独立初年度は天候不順や経験不足もあり、全てが計画通りにはいかなかったが、じきに平林さんが作るゆめぴりかやふっくりんこ、ななつぼしは口コミで評判が広がり、直販のリピーターが増えていった〈系統出荷は一割強〉。開業当初は一〇ヘクタールだった水田も現在は一六・二ヘクタールに広がり、一〇〇トン近くの米を出荷している。全国におよそ一五〇〇世帯の顧客を持ち、「収穫前に予約で売り切れ状態」が続いているという。農業を引退した由良さんも愛弟子の活躍を誇らしく見守っていることだろう。

全国相手に米を売る営業力

平林さんが他の新規就農者と大きく違うところは、お米を商品とし、「売る」ところまでを考える営業販売力にある。知人を介して知り合った北口貴文さん・理乃さん夫婦とは「本当に美味しい農作物を正しく人々に届けたい」と意気投合。平林さんが作ったお米を一口食べて感動した北口さんたちは、首都圏でキッチンカー、その名も「鷹栖のおにぎり そら」を始め、平林さんから仕入れたゆめぴりかで「精米したて・にぎりたて」のおいしさを提供している。かつて札幌のおにぎり屋とも提携したことがあるが、これは残念ながらコロナ禍で断念せざるをえない状態に。しかし「この時にできたコネクションは次に生かすことができるし、いずれは海外のおにぎり屋さんともコラボしたい」と平林さんはあくまで前向きである。

「自分で作ったお米を自分で販売して、食べてくれた人たちが幸せになる構図を作りたい。この思いは開業四年目の今も、これからも変わりません。将来の目標は『たかすのお米』をブランド化して全国に広めること。〝第二の魚沼〟を目指します」

たかすタロファームの米を使った「鷹栖のおにぎり そら」

大きな夢には仲間が必要だ。援農や農業体験で「たかすタロファーム」を訪れる人々は、年間五〇〇人近くいると聞いて驚いた。昔からの友人知人を中心に、人のつながりで来てくれるケースがほとんどだそうだ。米農家にとって最も大切な農作業である田植えの時も、「信頼のおける仲間たち」が全国から駆けつける。お礼は一日あたり玄米三〇キロというから米農家らしい。農業体験は今のところ有料にはしておらず、その代わり「お米を宣伝してください」とお願いするのが平林さん流。米の販路拡大の手伝いをしてくれる方へは自分で作った野菜や干物に手作り味噌、それらがない時は地元農家の野菜や魚屋の商品をお礼にしている。「仲間が作ったものもみんなに広めたいから」だという。

援農や農業体験の受付窓口、食事の用意などのお客様への対応は、妻の純子さんが担当する。家事と三人の子育て、農作業に加えての受け入れ対応は相当な負担だと思うが、ビジネスパートナーとして活躍している。二〇二一年六月にはコロナ禍が引き金となり、平林さんの両親が東京都内のマンションを売り、鷹栖町に完全移住してきた。家族の応援体制がより強化されて、農繁期と発送が重なる時期は毎日午前二時起きだった平林さんは、「両親がいなかったら、春や秋の農繁期の仕事は回らなかったと思います」と感謝の言葉を口にする。


そんな多忙な生活を送る平林さんだが、実は鷹栖町役場の「移住定住コーディネーター」としても活躍している。自身の就農ノウハウや販売戦略を惜しみなく提供し、すでに一組の夫婦が平林さんのように第三者農業経営継承で就農している。槇敦史さん・陽子さん夫妻は、夫婦ともに製薬会社にいた。陽子さんの祖父母が鷹栖町在住だったことから役場に就農・移住を問い合わせ、平林さんが担当者として応じた。槇さんの勤務先が、偶然だが平林さんが最初に勤めていた製薬会社だったという。その後槇夫妻は平林さんの助言を頼りに二〇一九年四月に鷹栖町に移住。二〇二一年から正式に農業経営を開始した。新規就農のハンデにもめげず、一年目からしっかり所得をあげることができたという。

現在も平林さんは具体的な就農相談を受けているそうで、鷹栖での新規就農の輪の広がりは止まらない。新規就農でいきいきと暮らす先駆者の影響力は絶大だ。平林さんの成功体験が大きな後押しになっているのは間違いない。

「営業マンが農家になったら強いことを彼らとともに証明します。今は営業経験のない農家仲間三組の販売もお手伝いしています。ゆくゆくは、鷹栖のお米のおいしさを世界中に知ってもらいたいし、農家を子どもたちが憧れる仕事にもしたい。やりたいことはいっぱい。面白いことになりそうです」

二〇二三年からは都内で開かれた北海道移住フェアで出会った夫婦を従業員として雇い、鷹栖の米販売のための会社も起業予定とのこと。「世界のたかす米」に向けて力強く歩みを進めている。

（林　美香子）

［学生活動事例］　学生が運営する奈良県御杖村の食材を用いた産直フレンチレストラン

若者が歓迎される農村だが「そこに学びはあるのか?」

全国の農村には小学校や中学校はあっても高校はないことが多く、農村に住む子どもたちは、高校進学と共に地域の外の学校に通うことがほとんどである。早ければ高校進学時に自宅を離れ、一人暮らしを始める。大学に関してはさらに数が少なく、入学時に農村を離れて住むことが半ば前提となる。そして、農村を離れた子どもが大学卒業後に戻ってくる割合は低く、地域の少子化が加速する。

　大学生は住民票を移さずに進学先に引っ越す人が多い。選挙権がないほか転居先で受けられる行政サービスに制約は生じるが、住民票を移すと故郷で成人式に出席できないため、それまでは不便でも住民票を移さない学生もいる。そのため、農村では一〇代後半から二〇代前半の居住人口が少ないにもかかわらず、統計上に表れることは少ない。農村で統計上の人口が極端に減るのは、大学卒業時、企業等に勤めて社会保険に加入するタイミングである。こうした構図は農村でよく見られ、地域の活力低下の一因となっている。

　行動範囲が広くなり、自由に使えるお金もある程度できる一〇代二〇代は、社会経験がまだ浅く、新たなことを経験して失敗もするが、失敗から多くを学び、成長する年齢でもある。特に大学生は企業人とは異なり、失敗しても組織に経済的損失を与えるようなこともないため、失敗を恐れず全力で物事に取り組める立場でもある。全国の大学には、ゼミ活動などで、都市部に住む大学生が農村を訪問し、地域住民と交流を図りながら、地域課題の発見・解決、地域資源の調査などのフィールドワークが行われることがある。学生が農村を訪問して交流を図ることは、関係人口の増加につながり、そこに住む人々も地域を見つめ直し、シビックプライド〔都市に対する市民の誇り。一九世紀のイギリスから興った概念とされ、日本でいう「郷土愛」とはやや異なる〕の醸成や地域のソーシャルキャピタル〔信頼や規範、ネットワークなど社会における人と人との結びつきを支える仕組みの重要性を説く考え方。「社会関係資本」などと訳される〕の向上にもつながっている。

ところが、大学生が農村を訪問して地域課題の解決などに取り組むことがあっても、実際にそれで地域が活性化したという事例は少ない。その理由は、訪問が短期間で一過性のものであり活動が継続しないこと、時間の都合上、地域住民との十分な信頼関係が構築される前に提案をすることが多いこと、学生が自らの提案に責任を持っておらず他人事になっていることなどがあげられる。

それでも大学生の農村訪問が今もって全国各地で歓迎されているのは、農村住民にとって学生と交流を図ることは楽しいことであり、地域の活性化までは期待しなくても、農村に興味を持ってくれること自体がありがたいという考え方があるからだ。大学生にとっても訪問するだけで喜ばれるため、農村を訪問すること自体が地域貢献につながると本気で思ってしまう学生もいるほどである。双方が満足しているのであれば一見、問題はないように思えるが、本質的な部分で考えると学習の効果がほとんどないため、ゼミの活動としての学生訪問を見直す教員が増えていることもまた事実である。

だが現状は、ほぼ全ての大学が周辺地域からボランティア募集などの依頼や要請を受けている。内容は、祭りや地域行事への参加、イベントの準備など、思考するより作業する業務が大半である。業務経験を通じて学べることはあるが、学生の無償の労働力を当てにされ、得るものが見合わないことが多い。就職活動前のインターンシップが定着している現在においては、業務体験だけであれば企業でもできる環境が整ってきている。大学生の農村訪問は、一定以上の探究の要素がなければ大学としては推奨しづらい時代になってきている。

村の食材一〇〇パーセントの「御杖村産レストラン結（ゆい）」

奈良県御杖（みつえ）村は三重県との県境の奈良県東部にある。面積の九〇パーセントが森林で覆われている人口一五〇〇人ほどの農村である。電車が通っておらず、バス会社も路線を運行していないため、公共交通機関は隣接する村まで来るバスの時刻に合わせて接続して走らせている村営バスのみである。その村営バスも時間がかかるため、村外の最寄駅から車で片道四〇分程度走るというのが一般的な移動ルートになっている。スーパーマーケットもなく、食料品や日用品を購入できるのは個人商店だけであり、村民は定期的に村外に買い出しに出ている状況である。こうした交通や買い物に難はあるが、そのような村だからこそ、解決後の未来が楽しみな課題が多くあり、学生がチャレンジできる活動の選択肢が多い。そして何より、探究の機会が多くある。その実例をこれから紹介する。

御杖村は奈良県立大学と連携協定を結び、学生が農村をフィールドとして実践的に学べる環境を整えてくれている。行政機関や地域住民の方々が、学生の学習と成長を最優先に考え、失敗しても温かく見守る前提で訪問を受け入れている。これからの国や地域を支える学生を応援したいという純粋な思いが強く、駅からの往復送迎や村民インタビューなども快くバックアップしていただいている。自治体によっては年度末までの短期的な成果や見返りを重視するところもあることを思えば、非常に稀有な例だといえ、一貫して御杖村の「人」に支えていただいている。

こうした関係を前提に二〇二一年一一月、奈良県立大学の学生六名が奈良市内で御杖村産の農作物だけを使ってフランス料理のフルコースを提供する「御杖村産レストラン結」を一カ月間の期間限定でオープンした。市内にあるガレットレストランを営業終了後に間借りし、一日八名限定でコース料理を提供した。地域資源の調査に始まり、生産者インタビュー、メニュー検討、調理、接客、店舗選び、事業経営まで準備に約半年の期間を要しており、特に七月以降は連日のように活動していた。

奈良市内のレストランを借りて1カ月限定でオープンした「御杖村産レストラン結」

レストランのコンセプトは「情報が食べられるレストラン」。単においしい料理を提供するだけでは地域の魅力が伝わらないという点に着目し、食べた後に地域に興味を持ってもらい、観光などの訪問につなげるところまで視野に入れた取り組みであった。活動開始当初は学生同士の話し合いだけで物事を決めており、時間をかけた割には活動が先に進まない時期もあった。そのため一旦活動を停止し、プロジェクトマネジメント（プロジェクトを成功に導くために人員、資金、物的資源などを総合的に管理すること）やロジカルシンキング（物事を体系立てて整理するための論理的思考法のこと）を学んでから再開したところ、これまで直面していた課題の本質を踏まえた行動を取れるようになり、大きく前進することとなった。スケジュールも当初は思いつくままに業務を抽出して順に着手していたため抜け漏れや手戻りが多かったが、学習後はゴールや期限から逆算して組み立てるようになり、業務の優先順なども踏まえて計画的に動けるようになっていった。

地域資源の調査からメニュー開発、店舗運営まで

食を通じて地域の魅力を発信するために最初に実施しなければいけないことは、地域にどのような食材があるのかを明らかにする「食資源調査」である。学生たちはまずこの食資源調査を主に四つの方法で行った。一つは文献調査で、御杖村の史料や食文化について書かれた書籍をもとに情報の抽出を行った。二つ目はヒアリング調査で、御杖村の農家をはじめ、農産物や加工品などを生産・製造する方々に個別にお話をうかがった。三つ目は農協や直売所など、すでに農作物が集められている場所で入出荷のリストを確認した。四つ目は御杖村に長く住む地域住民の方々に幼少期にどのようなものを食べていたかなど、食生活や食文化についてのヒアリングを行った。この結果、レストランの準備・オープン期間の一〇～一二月の間に合計九五品目の食材が使用できることがわかった。

次に食を通じて御杖村のどのような魅力を発信していきたいかを整理した。先に食材ありきでレシピを考えるのではなく、どのようなメッセージを各料理に込めたいかを検討した。その内容は、村の「四地域の紹介」や住民の「人柄」、「美しい川」「広大な山」「甘みが深い米と野菜」「四季の美し

い変化」に絞りこまれ、そこから前菜、スープ、魚料理、肉料理、米料理、デザートの合計六品で次のようなコースを構成することになった。

「御杖村産レストラン 結」フレンチコース料理　五九〇〇円（飲み物のペアリング料金込み）

前菜「四地域の紹介」
スープ「人柄」
魚料理「美しい川」
肉料理「広大な山」
米料理「甘味が深い米と野菜」
デザート「四季の美しい変化」
米粉パン

メニューの試作は大学から近い調理実習室で何度も行った。御杖村の和食料理店の方に料理指導をしていただくことも考えたが、学生がフランス料理のレシピを参考にしていたため、最終的には学生が独学で練習した。また、メンバーの中にはフランス料理を食べたことがない学生もいたため、実際にフランス料理店を訪問してコース料理を食べてみた。料理や接客、雰囲気、ドリンクなど、複数の店舗を分担して調査した。細かな調理技術や工夫に関しては料理の得意な御杖村職員や村民の

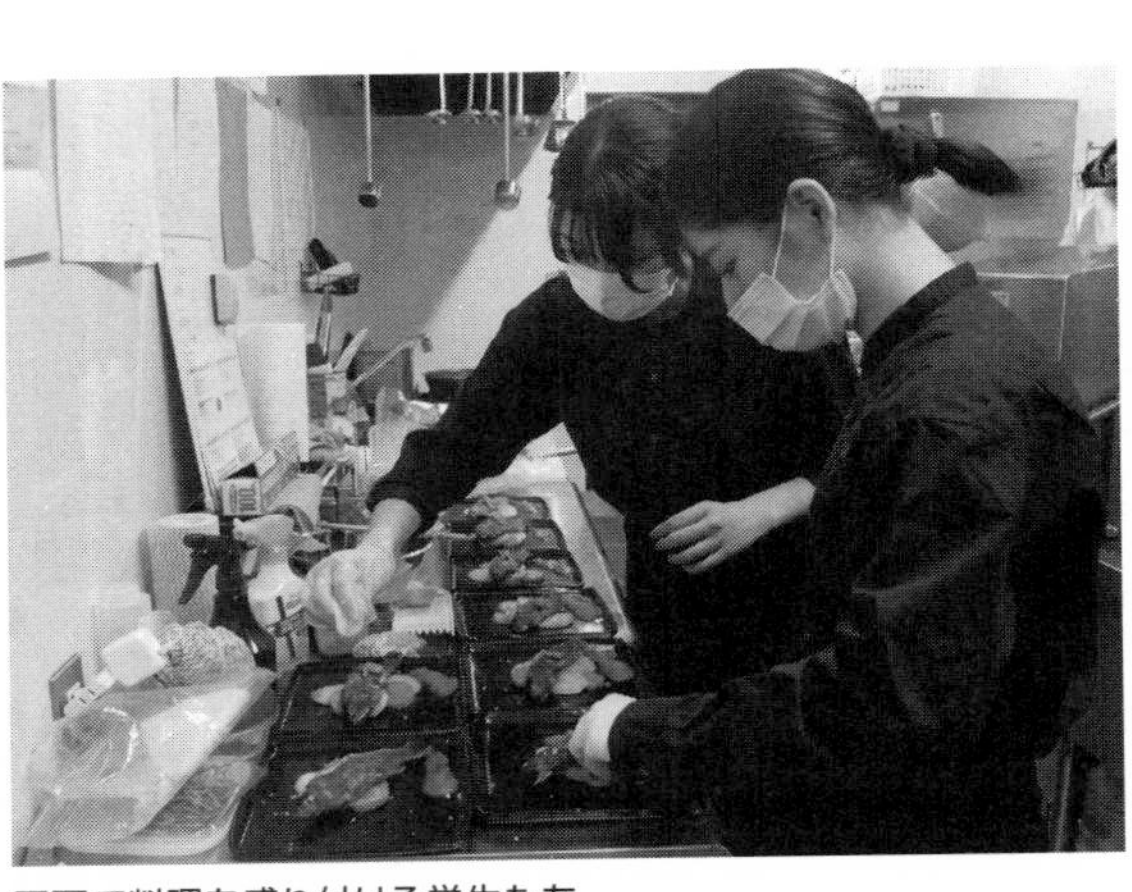
厨房で料理を盛り付ける学生たち

方などが教えてくれた。一通りのレシピが完成したところで村の関係者に試食してもらった。一部の料理については「固い」などの指摘があったが、この時点で当初の予定を上回る完成度であることをその場にいた全員で共有できたことが、その後のモチベーションアップにつながったように思う。

飲み物にも工夫を凝らした。一部のフランス料理店では料理とワインのペアリングを提供しているが、御杖村ではワインが製造されておらず、日本酒の酒蔵があったが廃業していた。そこで奈良県立大学の卒業生が杜氏を務める奈良県吉野町の北岡本店に相談し、前菜から米料理までの五皿にペアリングで日本酒を提供することにした。学生の中には日本酒を初めて飲む人もおり、事前に酒蔵見学を行った後、一二種類の冷と一一種類の常温、合計二三種類の中から各料理に合う日本酒を一緒に検討した。検討の場には北岡本店の社長と副社長もご出席いただいた。

お酒を飲めない人のために、日本茶のペアリングも用意した。お茶は御杖村でも収穫されており、複数の種類のお茶を準備して提供することにした。デザートにはコーヒーがよいのではという意見もあったが、御杖村産一〇〇パーセントにこだわるため、お茶とした。

他にもブルーベリーを使用したウェルカムドリンクと、御杖村の「杖」をイメージしたローズマリーを入れ、香りと見た目を楽しめるようにした水を用意した。どちらも御杖村産の原材料を使っている。

料理の目途がつき始めたところで店舗契約を急いだ。通常の店舗を借りると賃料が高額となるため、営業終了後に間借りできるところを探し、奈良市の市街地にあるガレットレストランと成約。店舗選びや事前打ち合わせ、契約に至るまで全て学生が行った。賃料については学生の金銭リスクが発生する一方、学生の主体性を示す大事な部分でもあるため、御杖村や大学の教職員とも相談を重ね、最終的には学生の判断で、ゼミ教員から借りて学生が支払うことにした。

店舗を借りてから本番と同様の調理器具や食器を使った料理の提供、接客練習、制服の購入など、することがたくさんあった。特に接客練習は「情報が食べられるレストラン」というコンセプトであるため、御杖村の職員とゼミ教員を客と想定して料理を解説するなど、何度も練習を繰り返した。

御杖村の観光地や特産物のイラストを地図上に描いたランチョンマットも作成した。

ホームページの制作やチラシの作成と配布、記者クラブへのプレスリリースの投げ込みなどの広報活動も、全て学生が実施した。オープン日を一一月五日と決め、その三日前には村長や学長などを店舗に招き、お披露目イベントを開催した。テレビ局一社、新聞社四社の取材が入り、各メディアに取り上げられたこともあり、学内の一部から「高い」と言われた五九〇〇円のコースの予約は、初日から最終日まで満席となった。

レストラン運営期間中は、不慣れなために提供時間が長引いた初日を除けば、特に大きなトラブルもなく終了した。村の方々の協力で食材も安定して毎回レストランに届けられた。

来店者には料理を提供する前に、学生たちがレストランのオープンに至る一連の取り組みについて動画で紹介した。学生や関係者の友人知人、新聞やテレビを見て来店された方、評判を聞きつけ遠方からも多くの方にお越しいただいた。来場者アンケートを見ると、料理と情報ともに非常に高い満足度であった。

レストラン事業の終了後、日を改めて御杖村を訪問し、関係者や協力していただいた方々を招いて、前菜、魚料理、オリジナルのポトフを提供する「感謝会」を開催した。事業で得られた収益金は御杖村に寄付することにし、村長に直接手渡した。

「活動してよかった」という村への愛着が生涯の応援に

学生は本事業を通して大きな成長を遂げたように見えた。プロジェクトマネジメントやロジカルシンキングのほか、情報共有やコミュニケーション力など、一人ではなくチームで物事を遂行する力が高まっていた。何も言われなくても自ら必要な業務を考えて遂行することを続けてきたため、主体性、実行力、課題発見・解決能力も養われたようである。これらの能力を数値化することはできないが、運営中、毎日満席を記録し、売上から賃料等の経費も全て完済できたという事実も、学生たちの成長の裏付けの一つになっているかもしれない。

事業中、全ての行程において御杖村の多大な支援——駅からの送迎および村内移動、必要な情報提供、アドバイス、食材や必要備品の調達など——をいただいた。しかし、それらの最終的な意思決定は常に学生に委ねられ、地域住民が口を挟み過ぎたり、学生がすることを勝手に決めたりすることはなかった。その姿勢が、学生の能力が飛躍的に向上した最大の要因だと考えられる。村が「学生を見守る」という立場を貫いたことで、学生は自由に行動して考えることができたのである。また同時に、学生によるレストラン事業がテレビや新聞、ウェブ記事など多くの媒体で取り上げられたことで、御杖村の新たな取り組みも示すことができた。

事業後、学生たちにもたらされた一番の変化は、御杖村への愛着やつながりが生まれたことだと思う。一般には、授業の一環として農村で活動をした大学生が卒業後、その地域を再訪したという話はあまり聞かないが、学生たちはもしかしたら大学を卒業してからも御杖村を訪れ、それぞれ培った専門性を生かして、地域の外から応援をしてくれる存在になるかもしれない。

学生の地域活動による農村振興は、活動そのものによって農村が一時期的にでも活性化するという成果や見返りには直結しないかもしれない。それよりも学生が農村での活動を通して能力の向上や人間的な成長が実感できた時、「苦労したけれど活動してよかった」と感じ、支援してくれた方々に感謝し、その地域に愛着を感じるようになる。この愛着こそが本人の中に地域の一員という意識を醸成し、息の長い活性化に寄与することになると願いたい。

（村瀬博昭）

［ＩＣＴ活用事例］ 課題を解決するスマート農業

高齢化・人口減少化の一方で

「スマート農業」とは、農業分野においてＩＣＴ〈情報通信技術〉を活用して業務の効率化を図ったり、今までできなかった新しい農業を実践したりする取り組みである。農林水産省の定義では「ロボット技術やＩＣＴ等の先端技術を活用し、超省力化や高品質生産等を可能とする新たな農業」とされており、二〇〇九年頃からこの語句が用いられている。一般に農家の力仕事や長時間業務を最先端技術によって効率化してくれるイメージがあるが、実際にはそれ以外にも営農計画の作成や業務記録といったペーパーワークの電子化、ドローンの導入など、これまでにはなかったような農業のあり方が含まれている。

スマート農業が台頭してきた背景には、日本国内の農業従事者の減少がある。農家の高齢化が進み、二〇二一年の基幹的農業従事者の平均年齢は六八歳。従事者数は一三〇万人と、二〇一〇年の二〇五万人と比較すると一〇年程度で七五万人減少している。こうした状況下で効率的な農業を行うための有力な手段として、農業ＩＣＴが注目されている。業務効率が高まれば、少人数でより広い面積を扱えるようになり、さらには体力の減退を理由とした離農防止や、農業をより面白い業務にしていける可能性が高まるなど、農村の振興にも寄与できる。

農業ＩＣＴのサービスは、当初は大企業のシステム会社が開発して提供しているものが多く、主に大規模農場向けに提供されていた。利用料が高く、費用面で導入できる農場は限られていた。また、開発側にとっても春の種まきから秋の収穫まで半年以上の長いスパンで一サイクルとする農業の性質上、システムの有効性を確かめるＰＤＣＡサイクル〔Plan（計画）、Do（実行）、Check（測定・評価）、Action（対策・改善）の仮説・検証型プロセスを循環させ、マネジメントの品質を高めること〕を回すにも、他の業界に比べて長い時間を必要とすることがネックになっていた。

そこで現在は、海外で開発されたシステムが日本に持ち込まれたり、他分野で使用されているシステムが農業に応用されてきている。前述したとおり、日本の農業市場は農業従事者が減少しており、さらに小規模農場が多いことを考えると、高額のシステム開発をしても採算が合いづらい。それであれば既存のものを、日本の農業に合うように少しのカスタマイズを行って提供する方が価格も抑えられ、農家側のニーズにも合致する。実際のところ、現在多くの農家に使用されている農業ＩＣＴサービスは高度な機能を有する専門性の高いものよりも、安価で便利に使用できるものの方が人気が高い。月額数百円程度の利用料で使用できるスマートフォン用のアプリも多く開発されており、低価格化と小規模の農場に適したサービスが増えている。

ちなみに大規模農業が進んでいるアメリカは農業ＩＣＴの導入効果が高いため、この分野での先進地となっているが、農業に向いた土地が少ない中東でも農業ＩＣＴ開発の優先順位は高く、高度なシステムが開発されている。特に積極的なイスラエルは国を挙げて日本をはじめ諸外国へのサービスの普及に取り組んでいる。

冒頭で日本の農業従事者数の減少に触れたが、その一方で実は農業の新規参入者自体は増加傾向にある。二〇一〇年では年間一七三〇人だった新規参入者が二〇二〇年には三五八〇人と、一〇年程度で二倍になっている。しかも四九歳以下の割合が七割程度と高い割合を占めている。加えて、新規参入者は農業の知識・経験が共に不足しているため、新しいことに対する抵抗感があまりなく、農業ＩＣＴの活用に積極的な傾向が見える。農業ＩＣＴの導入が未だ一部にとどまっていることを考えると、新規参入者が起爆剤となり、今後発展する可能性は大いに考えられる。

先端ＩＣＴ――アグリノート

ここからは農業ＩＣＴサービスの実例を見ていくことにする。手軽さや安価な価格が好評で普及が進んでいる「アグリノート」は、農作業をその場でスマートフォンで記録でき、さらに写真にも残すことができるクラウドサービスである。記録できる項目は栽培作物の品種、作業内容、使用した肥料や農薬、農業機械の利用状況、作業者など多岐にわたる。地図が表示されるので視覚的にも使用しやすく、農作業の記録を他の人とも共有できるため、重複業務を避けることができる。

こうした農業における情報共有は農家にとって重要な業務の一つであるが、実は家族経営の農家であっても案外情報が共有されておらず、家人に電話をかけて「どこまでやった？」と確認することもある。だがアグリノートを使用すれば、圃場ごとの作業記録が残っているため、余分な連絡が不要となる。一人農家であっても記録を確認することで業務の重複防止に役立つほか、過去を振り返って改善について考えることもできる。また、作業内容を現場で入力できるので、記憶の新しいうちに確かな情報を入力できるうえに、自宅や事務所に戻ってからの業務も削減できる。従業員であれば、入力後は圃場からそのまま直帰することも可能になった。

大規模農業法人等の場合も、作業指示者は事前に内容を入れておけば、後から従業員がそれを見て実施するだけでよく、口頭でありがちな伝達ミスを防ぐことができる。入力内容はダウンロードできるので、行政書類の作成にも役立っている。

このように数多くのメリットがあるアグリノートは、二〇二二年時点で月額五五〇円の利用料で一万二〇〇〇組織に利用されており、管理している圃場は六〇万以上、非常に身近なスマート農業の一例になっている。

先端ICT――ドローン

次にこれまでの業務の延長線ではなく、高度なスマート農業、ドローンを活用した農業が活況にあることを紹介する。一部の愛好家や専門家が注目していた頃は「空飛ぶラジコン」程度に思われていたドローンであったが、その後さまざまなテクノロジーを搭載し、多くのことが実現できるようになってきた。

例えば、ドローンに高精度のカメラを搭載して上空から撮影した画像解析をＡＩで行う農地・作物の異常の早期発見。撮影画像から農作物の病気を早期に発見し、その場所を特定して、広がりを抑えることができる。また、ドローンに農作物をつかむアームを付けて、収穫に適したものだけを選別して指定の場所に運ぶこともできるようになった。ドローンはバッテリーを搭載して稼働するのが通常だが、長い有線ケーブルで電力を供給して二四時間稼働させ、農家が寝ている間に収穫を終える技術をイスラエルの企業が開発し、日本での普及に取り組んでいる。

ドローンで受粉を行うことも可能である。リンゴなどの果物の受粉はハチや人の手で行っていることが多いが、人手不足の問題もあり、大きな負担となっている。この問題に着目した国内の農業高校が、花粉を水や寒天などで溶かした液体をドローンで散布させて受粉に取り組んでいるケースもある。このような取り組みを農業高校の授業で行うことで、将来の農業を担う後継者世代が農業ICTの活用に対して抵抗感がなくなってくることにも期待したい。ドローンは発想次第で、今後もさまざまな部分で活用されていくだろう。

先端ICT――人工衛星、海上農業

人工衛星を用いた農業技術も進んでいる。現在はGPSの精度が高まり、より鮮明な画像が入手しやすくなった。これらの技術に気象情報などを加えて、台風が来る前に農作物を収穫したり、農作物の生育状況を画像で把握して効率的な収穫順序を把握するなど、農業のリスク低減や効率化に役立てられている。

こうした中で今、特に力を入れて取り組まれているのが農業機械の自動運転である。人工衛星からの高精度画像や位置情報を基に、トラクターの自動運転を行う実験は、農地の広い北海道の帯広市など全国各地で実施されている。人工衛星から得られる情報は天候などによって不安定になることがあり、日本の現状の法律では無人の自動運転車は公道を走行できないため、現地まで人が移動させなければいけないなど、多くの課題はあるが、安全性や技術面は克服できている点が多く、少しずつ解決に向かっている。農家の人手不足を解消する有力な手段と見込まれている自動運転の普及が、日本の食料自給率を高めて食糧安全保障を担う重要な役割を果たすと考えられる。

まだ実用化されていないが、未来型の実験も進んでいる。その一つが海上農業。海上に浮かべた施設で農業を行い、作物の栽培に海水を利用するというものである。二〇一〇年代半ばころからヨーロッパで実験的な取り組みが始まり、現在は日本でも同様の取り組みが行われている。海水と雨水を中和させて農業用の水に使用する実験や、太陽光で施設の電気を賄い、センシング技術（センサを使用して物理的・化学的・生物学的特性の量を検出して得た情報を付加価値の高い情報に変換する技術）によって一定の条件が満たされると自動的に散水が行われるなど、さまざまな実験や計画が進んでいる。

ICTがもたらす地域コミュニティの活性化

また、農業ＩＣＴは地域コミュニティの活性化にも役立てられている。農作物のインターネット通販を実施している農家は多いが、新型コロナウイルス感染症が蔓延した二〇二〇年度から利用者が急増した。相次ぐ外出自粛やテレワークが推奨されたことを受け、自宅で食事を取る人やインターネットで産地直送の農作物を購入する人が増加した。農作物の産直仲介事業を展開するオンラインマルシェ「ポケットマルシェ」では、新型コロナウイルス発生時点の二〇二〇年三月では利用者が五万人程度であったが、その後五月には一五万人を突破。わずか二カ月で利用者が三倍以上になり、ニーズが急激に増加した。

農作物のインターネット通販には主に二種類あり、企業や流通業の買付担当者が商品を販売し、注文が入ったら農家から消費者に直送するタイプと、農家が自ら農作物の紹介文や写真、動画を掲載して消費者と直接やり取りするタイプがあり、最近流行しているのは、間に企業や担当者が入らない後者の方である。消費者は農家と直接コミュニケーションを図ることで安心感や楽しみが増し、農家側にとっては心通わせるやりとりでリピート注文が増え、やりがいを高められる。双方にとってメリットがある。

後者のタイプである「ポケットマルシェ」は、農家と消費者間のコミュニケーションを促進し、農村振興を図る目的を掲げており、サイトを運営する株式会社雨風太陽の代表者である高橋博之氏は、食べ物付き情報誌『東北たべる通信』も展開し、全国に『食べる通信』を広めている。「ポケットマルシェ」に農作物を出荷している農家を訪ねる交流会も開催し、同社が実施したアンケートによると、「ポケットマルシェ」で農作物を販売した農家のうち約一割が、「後日消費者が実際に訪ねてきた」という経験を持っており、単に商品の売買を仲介するだけでなく、人が農村を訪れるきっかけも創出している。これもまた農都共生を進める一つの好例になっている。

農業ICT導入には否定的意見も

かつて国民のほとんどが従事していた農業における機械化、さらにＩＣＴの利活用が進み、いま農業のイメージは大きく変貌しつつある。農業の産業化は農作物の生産性向上や業務の効率化をもたらし、少ない人手で多くの作業ができるようになった。しかし同時に近年は、農作物の安全性の保証や環境に配慮した自然循環型農業への注目、都市と農村をつなぐコミュニティの役割など、農業に対する期待と要求が多様化している。「農業とは何か」ということを一括りで語ることが難しくなってきた。

農業ＩＣＴの導入については賛否がある。これまで紹介してきたような多くの利便性がある一方で、農業の目的を「食料を作る」という一点にのみ集中させてしまう恐れがあり、「生産者の心が農作物に入っていないから食べたくない」などという批判も実際に聞いたことがある。「農業ＩＣＴイコール農薬の大量使用」と思い込んでいる消費者も一定数いる。しかし、今のままでは持続可能な農業が困難であり、一部の農家は積極的にＩＣＴを活用している実態もある。その中には有機農業を実践している人もおり、必ずしも「農業ＩＣＴイコール農薬の大量使用」というわけではない。

逆に、特に農業に対する思い入れを持たず、何でもＩＣＴで解決しようとすることがよいともいえない。特にシステムを開発するメーカー側の姿勢には疑問を感じることも少なくない。ベテラン農家が長年の勘と経験で培ってきた農業の「匠の技」を称賛しながらも、それを定量化し素人でも同じ結果を出せるシステムを構築することを堂々と目標に掲げている時点で、プロフェッショナルを敬う気持ちがあるとは言い難い。先人たちへの気遣いがあるならば、表現を選び直すことが望ましいが、今でもホームページの製品紹介等でそのようなことを前面に押し出している企業を散見する。

もしかしたら、そうしたメーカーの姿勢を嫌ったベテラン農家たちがシステム会社に協力する気になれなかったことも、いまだ本格的な技能の再現ができずにいる一因かもしれない。私見であるが、農業分野では他の業界以上に関わる人の覚悟や本気度を問われる場面が多いように感じる。心の底から農業の発展に貢献したいという強い思いを行動で示さなければ、農業に人生を捧げてきた人たちの心を動かすことはできない。その意味では、「農業ICTの活用は生産者の心が農作物に入らない」という一部の消費者の偏見も完全に的外れなわけではないのかもしれない。

農業ICTは、システムを開発する人や利用する人の思い、掲げられる目標、期待される役割や成果次第で、多くの人から喜ばれるものにもなり、無機質で人から敬遠されるものにもなる。しかし確実にいえることは、現在業界が直面している課題解決に役立つ新しい農業の選択肢であり、大きな期待を背負っているツールであるということである。農業や農作物の魅力は、そこに関わる農家で決まる。利用する人が農業ICTの技術面だけに振り回されず、実現したい思いや未来を念頭に置いて使用することで、本当の意味で農業とテクノロジーが融合し、農業が今まで以上に発展するだろう。

（村瀬博昭）

〔温泉宿事例〕

温泉宿における「食の魅力」の新たな方向性

地元食材使用率が約二割の温泉宿

都会から離れた地域にある温泉地は農村・漁村との距離が近いところが多く、温泉の癒しとおいしい食はセットで考えられることが多い。ＪＴＢが行った調査によると、国内旅行のテーマとして「温泉」は四〇代以上で第一位、二〇代と三〇代では「食・グルメ」に次いで二位にランクインし、食に関する調査でも地元の名物料理や地元の食材を使った料理のニーズが最も高いという結果が出ている〔ＪＴＢ「食と旅に関する調査」、二〇一七年〕。別の調査でも旅行者が宿泊先を選ぶ時に「地元ならではの食材を食べられることを重視する人」の割合が五〇パーセント弱となっており、「重視しない人」の割合一〇パーセント強を上回っている〔日経リサーチ「旅館のニーズに関する調査」、二〇一七年〕。このように旅では温泉とその土地ならではの食にこだわる人が多い。

ところが、温泉宿での会席料理の地元食材使用率は決して高いとはいえない。ある温泉街では、旅館の地元食材使用率は平均二〇パーセント程度。高いところでは六〇パーセント程度という旅館もあったが、ここ一軒だけが突出しており、二〇～三〇パーセント程度という回答が最も多かった。郷土料理や地元グルメの提供については大半が実施していたが、一品でも提供していれば実施しているという扱いであり、どの程度力を入れているかは旅館によって異なっている。実態としては郷土料理を数品提供しているという旅館が一番多いように感じた。

地元で収穫されていない食材、例えば、海のない県の旅館で海鮮料理が出されることもままあるが、これは旅館が悪いのではない。顧客ニーズに合わせたものである。パンフレットに掲載されている写真と、目の前の会席料理の中身が一品でも違えば旅行会社にクレームを入れる消費者がいるため、数カ月間にわたり安定的に食材を確保するため、地元産どころか外国産を使用している旅館もある。旅館の規模が大きくなるほどこうした状況になりやすく、旅館の小規模化や宿を出て食事をする「泊食分離」の動きも進んでいる。

観光客のニーズに応えて食の提供をすることは、決して後ろ向きの対応ではない。農村振興にもつながる前向きな対応といえる。求められていることは、地元の食材を用いること、地元で食べられているものを提供することである。至ってシンプルであり、特段過剰な要求とはいえない。これを複雑にしている問題の本質はひとえに流通の仕組みであり、マーケティングの存在である。物流が今ほど発達していない数百年前であれば、食材は地元産しかなく、提供する料理も地元で食べられているものであった。しかし、数百年前と同じ一汁一菜の提供で満足する観光客は、今は少ない。またインターネットの普及により同業者と常に比較される現代において温泉地の旅館は、コストパフォーマンスを含めた食への期待に応えていくことがこれまで以上に求められている。

地元で採れた食材を地元で提供する——。一見簡単なようだが、実はこれを継続的に実践するとなるといくつもの課題が待ち受けている。まず、旬の食材が収穫できるのは一年のうち一時期だけであり、通年のメニューに組み入れづらいということがある。次に通年使える食材であっても一定量を安定的に仕入れることは難しいという問題がある。高品質な地元の食材は外部に高く買い取られたり高級レストランや小売店などとの直接契約で納入されたりしていて、たとえ地元の旅館であってもそう簡単に購入することができないのである。だがこうした状況に屈せず、独自の工夫を凝らした取り組みで宿泊客から高い評価を得ている旅館がある。その事例をいくつか紹介したい。

新潟県十日町市の「山菜料理の清津館」

山菜料理で話題を集める新潟県十日町市の清津峡湯元温泉清津館では、里山の保存食文化を利用して本来は春に食べられる山菜を一年中味わうことができる。春から初夏にかけて山で採れるフキ、コゴミ、ゼンマイ、山ウド、ワラビ、ミズ（ウワバミソウ）等をあく抜きした後、冷凍・塩漬けして一年分の保存食に加工しているからだ。山菜の種類によって保存方法が異なり、六月まで漬け直し作業を行い、通年での提供を可能にしている。

宿泊客は単に山菜を味わうだけではなく、その地域で伝統的に行われていた山菜の保存方法を知ることができ、食事と一緒に地域の食文化も楽しむことができる。もともと山菜は自生するものであり、農業のように通年で育成する作業が発生しない。提供する側にとっても過剰な負荷がかからず、里山の保全で得られる自然の恵みを用いて観光客に付加価値の高い食を提供することができている。

長野県栄村の「秋山郷雄川閣のジビエ料理」

山村における自然の恵みは山菜だけではない。長野県栄村にある奥信濃の秋山郷。その集落の奥地にある切明温泉の秋山郷雄川閣では、三種類のジビエを食べることができる。地元の猟師が仕留めた野生のシカ、イノシシ、クマの肉をしゃぶしゃぶ鍋にして提供しており、それぞれの肉の食べ比べもできる。切明温泉は江戸時代の一七〇〇年代から存在していた記録があり、川に湧く野天風呂があるほどの山奥にある。山の宿らしいジビエの提供は、同業他社との差別化の意味でも大きな効果を発揮している。

ジビエは猟師が仕留めた肉をそのまま料理として提供することができず、山菜のようにはいかない食材だ。その肉を他人に提供したり商品化したりする場合は、免許を持つ食肉加工業者によって衛生管理の検査や加工などが施された後でなければ、食事として提供できないのである。自家用であれば個人の責任で食することができるが、その場合も食中毒には十分気をつけて食べる必要がある。万が一、感染症等が見つかった場合は、その地域一帯のジビエを食事に供することができなくなるなどの厳しい安全基準がある。秋山郷雄川閣では地元の猟友会と連携して肉を融通してもらっているという。ジビエ料理の提供には地域の方の協力が必要不可欠である。

外来種のザリガニを食に生かす北海道の阿寒湖温泉街

地域の野生生物の肉を食に生かすジビエと同様に、増え過ぎた外来種の生物を捕獲することで生態系を守り、そこからさらに地域の食の魅力の創出に生かしている取り組みもある。

北海道の阿寒湖では「ウチダザリガニ」と呼ばれる外来種のザリガニが大量に繁殖している。一九三〇年代に国が食糧増産の一環として摩周湖に持ち込んだものが、阿寒湖にも生息するようになったといわれている。地元ではこのウチダザリガニを「レイクロブスター」と命名してブランド化し、駆除が望まれる外来種を特産物へと変えている。

阿寒湖温泉街で足湯に入りながら食事ができる温泉工房あかんでは、「ザリボナーラ」という名称で、カルボナーラにレイクロブスターを載せて提供している。〝万人受け〟する食材ではないため、宿での提供が難しい場合でも温泉街の飲食店で提供することで、泊食分離の素泊まり客や物見遊山の観光客にアピールすることができ、温泉地自体の魅力向上につながっている。

山形県戸沢村のバナナ、東京都日の出町のパッションフルーツ

外来種のように本来は地域にないものであっても地元で生産することで地場産の食材となる例もある。豪雪地帯にある山形県戸沢村では、温泉熱によって亜熱帯の環境を再現して国産バナナを栽培している。このバナナは「雪ばなな」と命名され、上山市にあるかみのやま温泉のプリン専門店では「雪ばなな」を使ったプリンが販売されている。

また、東京都日の出町の温泉施設ではパッションフルーツを販売している。温泉から車で三〇分ほどの農園で二〇一八年からパッションフルーツを作り始めた。虫がほとんどつかず、農薬がいら

ず、収穫も容易なため、都内でも栽培が可能となっている。この施設ではトマト、ナス、ズッキーニなどの地元野菜も積極的に作っていた。

このように山の中や湖畔、温泉熱などの特色を生かした食を提供することができるのも、温泉宿という非日常的な場所の特殊性ならではだろう。

福井県あわら温泉郷のブランド地鶏と泊食分離

阿寒湖の「レイクロブスター」のように、新たな名物を作る動きは他の温泉街にもある。福井県あわら市の大温泉郷であるあわら温泉では、旅館の料理人と地元農家が通年味わえる料理メニューを共同開発し、地産地消の炊き込みご飯を開発した。福井県産のブランド地鶏「福地鶏」をメイン食材にし、米、ニンジン、油揚げに使う大豆なども地域や県内産の食材を使用。完成した炊き込みご飯は複数の旅館で提供しており、あわら温泉の新名物になりつつある。現在は炊き込みご飯の素のレトルトパウチも販売され、土産品コーナーの店頭に並んでいる。

また、あわら温泉では泊食分離も推進している。宿泊する宿と食事をする飲食店の組み合わせをホームページ上から事前に選択できる、申し込みやすい仕様になっている。

泊食分離は二〇〇〇年代半ばころから政府が力を入れて推進していたが、依然として一泊二食付きの食事を提供している温泉宿が多い。泊食分離を行うと売上が減少する、業務の仕組みを変えることになりコストが増える、従業員の雇用が維持できなくなるなど、その理由はさまざまである。だが、昨今の温泉宿では、一泊ではない連泊客を対象にした泊食分離が少しずつ進んできている。従来、連泊については小規模の温泉宿はどこも悩ましい課題を抱えており、連泊してもらえて嬉しい半面、食事については「同じメニューでよい」と言ってくれる特別な客を除けば、日替わりメニューが前提となるため、対応に苦慮しているところが多い。冬であればバリエーションの多い鍋料理があるが、それでも前菜やデザートに頭を悩ませることには変わりはない。

群馬県四万温泉のベジタリアン料理

食事の提供についてはＳＤＧｓの動きもあり、ベジタリアン向けの料理を提供する宿も増えてきた。群馬県にある四万(しま)温泉の柏屋旅館ではベジタリアン料理やヴィーガン対応のフルコースを提供している。ベジタリアン料理は追加料金なし、ヴィーガン対応は二〇〇〇円の追加でコース料理を変更できる。当初は訪日外国人を対象としたものであったが、次第に国内からの問い合わせも増え、二〇二一年三月から正式メニューに格上げされた。このプランを目当てに宿泊する客もおり、リピーターも増加している。野菜の寿司、地元特産の味噌で煮込んだ大根料理、キノコの石焼きのほか、群馬県の特産である梅やコンニャクイモをアピールするため行政とも連携を図り、官民一体で食の魅力向上に取り組んでいる。

静岡県西伊豆町の電子地域通貨

温泉宿が行政などと連携を図る動きは、さらに進んで宿泊客や観光客と温泉宿が連携するという動きにまで至っている。静岡県西伊豆(にしいず)町では「サンセットコイン」と呼ばれる電子地域通貨が導入されている。電子地域通貨は町内でしか使えないが、観光客が釣った魚を地元旅館がコインで買い取り、稼いだコインを地域の店舗などで使ってもらう経済循環の仕組みを作っている。

駿河湾に面した西伊豆町には複数の温泉宿が集まる堂ヶ島温泉郷があり、釣りの愛好家にとっても人気のスポットとなっている。釣りを楽しみに来た客は釣った魚を地域通貨で買い取ってもらえるため、釣果でちょっとした収入が入るうえに、魚を持ち帰る手間もない。「こんなに釣ったものの、うちでは食べきれない」あるいは「持ち帰る準備をしてこなかった」という観光客たちからも喜ばれている。漁師不足で魚の流通量が減る中、釣りの愛好家を介した地場産食材の提供が実現できている。

この西伊豆町の取り組みのように、魚は釣り人から購入するなど、一つの旅館で全ての業務をまかなうのではなく、一部はより詳しい人の力を借りることでさらに魅力的な食の提供ができるようになる仕組みは、宿泊客も望んでいることといえる。特に小規模な温泉宿は専属の料理人を雇用できないことが多い。宿泊客や観光客とも一緒になって食の魅力を創造するといった発想がもっとあってもよいのではないだろうか。

奈良県洞川温泉の老舗旅館が持つ五〇〇年の伝統の強み

奈良県天川村にある洞川温泉の「花屋徳兵衛」は創業五〇〇年、主人が一七代目という全国でも指折りの老舗旅館である。これほどの歴史があるということは、宿泊客への最高のおもてなしがつねに考えられ続け、今日行われている業務の中に自然と溶け込んでいることにほかならない。そこには単に伝統を守るだけではなく、時代に合わせて変えるものは変えていく進化の姿勢も含まれている。実際、花屋徳兵衛では床や階段の掃除では昔ながらの雑巾がけを徹底している一方で、ホームページの改善はこまめに行っており、テクノロジーの活用にも積極的だ。

こうした花屋徳兵衛の魅力について分析するため、奈良県立大学の学生が二〇一六年から二〇二一年までのネット上のクチコミの分析をした結果、温泉、部屋の満足度が非常に高いうえに、接客についても「良い」「満足」「本当にありがとう」「スタッフ」の次に「丁寧」というワードが続き、絶賛されていた。肝心の食はどうだろうか。現在、花屋徳兵衛で提供している食事は、決して派手さがあるとはいえないが、落ち着いた雰囲気の美しい食事となっている。クチコミ分析でも、食事の満足度は高く不満の声も出ていない。

実はこの食にも老舗旅館ならではの知恵が隠されていた。花屋徳兵衛の客室は全六室。一番小さい部屋は六帖で、上は八帖×四間と、形態としては小規模旅館に分類される。そのため全国の他の小規模旅館と同様、板前のような専属の料理人はいない。夕食の会席料理も、アユの塩焼きや柿の葉寿司、お造りなど一部の料理は近隣の飲食店と協力して準備していた。身内に板前がいなくても専門性の高い地元の料理人と連携を図ることで、高い品質の料理を提供できる。これが食事においても高い満足度を得られていた要因の一つとなっていた。

一七代目の主人はこの方法を特別なことだとは思っておらず、「洞川温泉の一部の旅館で長く続けられている自然なやり方」であるという。先祖から受け継いだ自然なおもてなしが全国各地に花屋徳兵衛の熱烈なファンを生み出しているのである。これが歴史と伝統のある旅館の強みといえる。

あたりまえのことではあるが、魅力のある食事を提供するには相応の労力が必要である。その問題から目を背け、多くの温泉宿では旅館のスタッフが多忙な業務の中で調理や給仕を遂行している。現在広く行われているのは、旅館のスタッフが料理を練習して技術を磨き、宿泊客に提供する方法である。それで宿泊客の満足度は上がるかもしれないが、スタッフの負担が大きく、旅館で長く働くことが難しくなる恐れがある。だからといって板前を雇用すれば人件費が高くなり、宿泊代金に跳ね返るという、誰にとっても望ましくない悪循環となってしまう。

温泉と食事のニーズが特に高い国内観光においては、温泉宿に対する観光客の期待は今後も高まっていくであろう。そのような中で花屋徳兵衛のやり方や釣り人から魚を購入する西伊豆町の仕組みは、温泉旅館において食の魅力を提供する新たな方法といえる。とりわけ小規模旅館ではスタッフが食事全般について頑張るよりも、地域にある自然の恵み、専門家、訪れる人など、付加価値を創出できる連携の可能性を探り、地域の総合力を活用することが、持続可能で魅力の高い食の提供につながると考えられる。

（村瀬博昭）

［移住・定住事例］ 移住・定住による地域活性化のための全国の取り組み

始まりは北海道から――「二〇〇七年問題」を見据えて

本来「移住」という言葉は、国を離れて別の国に移り住むことを指していた。日本から中南米への移住など、移民に近い意味で用いられることも多かった。しかし、今日において移住とは国内で主に首都圏などの大都市から地方への転居を指すのが一般的になった。

今では全国の自治体がこの移住・定住施策を講じ、自治体と連携を図る地域の事業者なども移住の促進やサポートを行うためのサービスを充実させている。こうした一連の活動は「移住ビジネス」と呼ばれ、大学生が就職活動の際に覚えるべき必須用語にも選ばれるほど一般化した。定住施策や移住ビジネスは、衰退する地方の過疎化問題を解決するための有力な手段として注目を集め、現在ではほぼ全ての自治体が何らかの取り組みを行っている。

定住施策や移住ビジネスを語るとき、はじめに「団塊（だんかい）の世代」に触れておく必要がある。一九四七年から一九四九年生まれの世代のことだ。「団塊の世代」が六〇歳の定年退職時期を迎える二〇〇七年から二〇〇九年を中心に、社会のさまざまな構造が変わる懸念については、「二〇〇七年問題」と呼ばれた。国や自治体はこの問題にどう向き合っていくか、その答えの一つが移住・定住にあるとされたのである。

定住施策や移住ビジネスを全国で最初に推進した自治体は、北海道であった。人口減少が続く北海道は、二〇〇四年一〇月、旅行会社およびコンサルティング会社に委託し、「首都圏等からの北海道への移住に関する調査・研究業務」を実施した。三大都市圏に住む団塊世代を軸とする五〇代・六〇代の合計一万一〇七八人に対して行われた大規模アンケートの結果、二〇〇七年から三年間のうちに退職すると考えられる団塊世代約八〇〇万人のうち、年間一〇〇〇世帯、三年で三〇〇〇世帯が北海道に移住した場合、生涯の経済波及効果は約五七〇〇億円になると算出され、大きな話題となった。

北海道伊達市の高齢者にやさしい地域ブランドの構築

北海道の中でも早くから移住・定住施策に取り組み、お手本となった道南の伊達(だて)市の事例を見てみよう。伊達市は冬でも比較的温暖な気候であることから「北の湘南(しょうなん)」と呼ばれている。二〇〇三年に住宅地の地価上昇率が日本一を記録したことで全国から注目された。

全国の農村が地域活性化の手法として特産物の開発や観光客の誘致に力を注ぐなか、伊達市では菊谷秀吉市長のもと、高齢者が住んでみたい地域づくりを目指した「伊達ウェルシーランド構想」を提唱。民間企業と連携しながら高齢者が徒歩でも生活しやすいコンパクトシティの推進や高齢者の生活上の不安を取り除く「安心ハウス」の建設、高齢者の移動を便利にする「デマンド交通」といった施策を展開し、高齢者にやさしい地域ブランドの構築に成功した。その効果で子育て世代も多く移り住むようになったという。

こうした伊達市の先進事例が北海道生活産業創出協議会で取り上げられたことが起爆剤となり、二〇〇四年一一月、同協議会のシンポジウムで北海道知事政策部より「始めよう移住ビジネス、目指そう定住化」というタイトルで北海道が推進する移住ビジネスが公表された。先行して実施された首都圏での大規模調査の結果も踏まえ、定住施策や移住ビジネスが北海道の生活産業として注目されることになった。

その翌年、道内市町村を中心に七〇近くの自治体が参加した任意団体「北海道移住交流促進協議会」が設立された。各自治体が個別に団塊世代の誘致に取り組むよりも、北海道ブランドを生かしてまずは一体となって北海道移住の魅力をアピールするための団体である。共同プロモーション活動や定期的な勉強会、情報提供などは、これから定住施策に取り組む自治体にとって非常に心強く、会員は増加し続けた。二〇二〇年に一般社団法人化された現在も活動は続いている。

国の各省庁も本格的に定住政策に乗り出した。国土交通省では完全移住とまではいかなくても、週末やまとまった休日に都市部から地方に移り住む二地域居住というライフスタイルに着目。地域を訪れ、消費する交流人口を増やす取り組みも徐々に拡大し、「移住・交流」という言葉が二〇〇五年から用いられるようになった。

総務省では二〇〇六年に「人口減少自治体の活性化に関する研究会」を発足し、二〇〇七年には移住ビジネスや交流人口の増加を図るＪＯＩＮ（移住・交流推進機構）が設立された。ＪＯＩＮには多くの企業と全国各地の自治体が参加している。

二〇〇九年には、現在では全国に浸透している「地域おこし協力隊」の制度が創設された。最長三年間自治体から給与を受け取り、その間に地域の課題解決の仕事をしながら地域に溶け込み、最終的には定住を目指す制度で、任期終了後も六五パーセント程度の人が同地域に定住するという結果が出ている。

二〇〇五年以降、移住ビジネスが主に首都圏に住む団塊世代を中心に展開される中、特に人気の地域が現れ始めた。北海道と沖縄県である。特に沖縄は日本の中でも独特の文化を持ち年中温暖な気候であるため、若年層にも人気であった。しかし「人間関係に馴染めなかった」「イメージと違った」「（自分の）計画性がなかった」「お金が尽きた」などのさまざまな理由から、年間二万五〇〇〇人が沖縄に移住し、二万三〇〇〇人が本州に戻るという厳しい現実も浮き彫りとなった。

移住ビジネスは住宅、福祉、観光など広範囲の分野に渡って移住のためのサポートを行うビジネスである。中には、これまで存在しなかったサービスもある。例えば「移住コンシェルジュ」と呼ばれる、移住に関する相談窓口の設置である。移住に興味を持った人に対して必要な情報提供を行うほか、移住が決定した際には住宅、引越し、保険など各種の手続き代行を行うワンストップサービスを提供するというものだ。主に自治体が設置しているケースが多いが、中には民間企業に委託している地域もある。民間に委託した方がワンストップサービスが速やかに実施しやすいなどの利点もある。

また、新たな産業として「おためし暮らし」に関するサービスも創出された。移住後に「合わなかった」ことがわかっても元の生活に戻ることができない、そのようなリスクを避けるため、移住を検討している地域に一定期間滞在することでミスマッチを防止する試みである。

希望者が拠点とする移住体験住宅は低額または無料で貸し出されることが多く、自治体が管理していることが多い。観光利用を防ぐため、一泊や二泊の短期間では宿泊できず、明確な移住体験目的でなければ借りられないなどの条件を付けている自治体も多い。この移住体験住宅でのおためし暮らしにより一定の移住促進効果が上がる一方で、自治体間の競争が激しくなり、住宅の利用条件のハードルが下がり、それに伴って複数の地域でおためし暮らしをする人も増加した。そのこと自体は悪いことではなく、たとえ移住に結びつかなかったとしても一定期間滞在した人は、その地域の関係人口となって消費や観光に貢献するため誘致の効果はあるといえる。

無論、定住施策や移住ビジネスには課題もある。全国の自治体で実施されているプロモーションの内容が似通ったものとなっており、地域の差別化が図れていないという問題がまずある。「自然豊か」で「食べ物が新鮮で美味しい」というアピールポイントは、大都市に住む人から見ると同じようなものに見えてしまう。自治体による移住支援サービスも、「一定期間住んだら土地を無償提供する」「移住に伴う転居費用や通勤費を負担する」などの補助金はどこの自治体も出しており、消耗戦の様相を呈している。本当に長く住む移住者は、補助金は検討する動機のひとつにはなっても、それ自体が決定要因になることは少ない。次項に紹介するような移住者誘致に成功している地域は、補助金ではなく独自の施策が実を結んでいるのである。

徳島県神山町の「創造的過疎」に基づく取り組み

徳島県神山町（かみやま）では「ＮＰＯ法人グリーンバレー」が中心となって移住者誘致に取り組んでいる。「地方創生の聖地」と呼ばれるほど、ここでは斬新かつお手本となるような取り組みが数多く実施されている。二〇一九年度は年間の転入者数が一五〇人と社会増に転じたが、神山町は初めから人口の増加は目的としておらず、むしろ人口減少を前向きに捉えて過疎化を受け入れながら地域を発展させる「創造的過疎」という概念の下で移住者誘致に取り組んでいる。

神山町の取り組みの中でも特に定住効果が高いものに、高速ブロードバンドを敷設して環境を整えたサテライトオフィスの誘致がある。神山町では二〇一三年にコワーキングスペースの「サテライトオフィス・コンプレックス」をオープン。新型コロナウイルス感染症の感染拡大によりワーケーションの概念が世の中に広がる以前から活動を実施していた。

都市にオフィスを構える企業の中でも場所を問わずにできる業務は、必ずしも働き手が都市にいる必要があるわけではない。サテライトオフィスという名目で神山町に拠点を持つことで、従業員は長時間の通勤から解放され、農村暮らしに関心がある人にとっては私生活をも充実させることができる。企業にとっても従業員満足度の向上や高額なオフィス賃料の抑制につながるなど、双方にとってメリットが大きい取り組みである。

ほかに神山町が早期から実施してきたものに「アーティスト・イン・レジデンス」がある。芸術家に住居やアトリエなどを提供して一定期間地域に住んでもらい、作品の創作活動を行ってもらう取り組みである。滞在の最後には作品の展示会を行う。これにより住民が外部のアーティストと交流を図り、アーティストも地域に溶け込むことができる。また、アーティストを地元に迎え入れる活動を通して住民同士の間にもつながりが生まれ、それが外部から移住者を招くおもてなしの向上にもつながっている。

さらに神山町では、将来の神山町にとってどのような人に来てほしいかを住民たちが検討し、移住してほしい人を「逆指名」で募集する「ワーク・イン・レジデンス」がある。実際、地元に一軒もなかったパン屋を逆指名で募集したところ、マッチングが実現した。開業後は人気店となり、早ければ午前中で商品が完売してしまうほどだという。

ここに紹介した以外にも「神山まるごと高専」の二〇二三年四月開校などさまざまな取り組みが行われており、現在も神山町の「創造的過疎」はさらなる発展を続けている。

島根県邑南町の「耕すシェフ」、栃木県佐野市のラーメン店の後継者づくり

次に紹介するのは島根県邑南（おおなん）町の取り組みである。ここで特に注目を集めているのが「耕すシェフ」と呼ばれる料理人の研修制度である。地域おこし協力隊の制度を活用し、料理人を目指す調理専門学校の卒業生や飲食店で働いた経験がある人などに、農作物の栽培から料理の提供まで研修を行い、「A級グルメ」（「A級」は「永久」ともかけている）を提供できるほどの技術を身につけ、町内で開業してもらう取り組みである。これによって人口が一万人程度の町に現在六〇店舗以上の飲食店があるという。

飲食店で使用する食材も地元産のものが多く使われ、地産地消の促進につながっているほか、A級グルメという付加価値の高い食を提供しているため、少ない顧客を対象としても継続できる。開業資金は、地域の人たちが出資し合って合弁会社を設立することで当事者負担ゼロ円で起業する人も現れるなど、新しい事例が生まれている。

栃木県佐野（さの）市でも、「佐野ラーメン予備校」と呼ばれる研修制度を市と地域の人とで共同運営し、ラーメン店の後継者育成と定住を視野に入れた取り組みを実施している。予備校の授業料は約一五万円であるが、移住者には市から奨励金が一〇万円出され、授業料に充てることもできる。二〇二〇年八月に開始して、二〇二二年六月までに一〇人が受講し、そのうち三人が市内でラーメン屋を開業している。

ほかに静岡県では首都圏から距離が近い利点を生かし、一週間のうち数日だけ農業をしに通ってもらい、将来的な移住や就農につなげる取り組みも始まっている。

SNS活用を強化した長崎県波佐見町、福岡県那珂川市

移住促進の一環として地域の魅力を発信するためにSNSを活用する動きも本格化している。長崎県波佐見(はさみ)町ではインスタグラムでの発信を強化し、現地ならではの情報を毎日更新している。「フォロワー数一万人」を目指して、東京大学や京都大学の学生とプロジェクトチームを結成。投稿する写真や文章も学生の意見や反応を反映させながら、更新を続けた結果、発信強化を始めて一年でフォロワーが一万九〇〇〇人に増加。長崎県の市町村の中で最も多くのフォロワーを獲得し、移住に関しても二〇二〇年は二四人の転出超過が、二〇二一年は四九人の転入超過となった。

ホームページで情報を発信し、移住相談窓口を設置し、空き家情報を提供するなど、特に変わった取り組みを実施していなくても、それぞれの情報を丁寧に発信していくことで地域の魅力を確実に伝えて、移住者を増やしている自治体もある。福岡県那珂川(なかがわ)市の南畑(みなみはた)地域では、市と地域が共同で移住促進プロジェクト「SUMITSUKE那珂川」を進めている。二〇一六年に専用ホームページを開設し、二〇一七年に公園内の休憩所を改修した移住交流促進センターを設置、さらに不動産会社と連携して地域や空き家の情報を発信する「空き家バンク」を開設、移住者の相談も受け付けるようにした。

二〇二〇年度時点でホームページの閲覧数は一六万回、移住者数は累計で二六世帯七四人までに増加した。小学生の数も二〇二二年一月時点で五年前の一・三倍の九一人になり、人口が増加している。ホームページは写真の一枚一枚が鮮明であり、文章も洗練されている。空き家バンクは入居

済みの物件も掲載することで移住を検討する人がより比較検討しやすくなるなど、細やかな気遣いをしている。

定年退職者の現役志向

農村への移住・定住は、受け入れる地域からみれば少子高齢化・過疎化対策になり、国からみれば都市に一極集中した人口の分散や地方自治体の活性化につながる。そして肝心の移住者にしてみると、生きがいの向上や充実したセカンドライフの実現につながり、まさに〝三方よし〟の政策である。

しかし実際には、移住希望者たちは都会の利便性を捨てられなかったり、おためし暮らしの期間でイメージとのギャップに気づいたり、移り住む先に仕事がないため断念したりと、移住に至らないケースの方が圧倒的に多いのが現実である。

当初、定住施策や移住ビジネスの主な対象と想定されていた団塊世代や定年退職者層は、蓋を開けてみれば「定年後も働き続けたい」という意欲が高く、一部で懸念されていた一斉退職による「二〇〇七年問題」も目立ったトラブルは起こらなかった。

自治体にとっては「定年退職者であれば転居先で仕事を探す必要がないため誘致しやすい」という目論見もあったようだが、現実には「年中何もせず過ごしていたい」と思う人は少なく、新しい土地でも自分のキャリアや特技を生かして社会に貢献したいと望む人が大半である。人は単に自然環境や食材の魅力だけで移住地を選んだりはしない。楽しい生活を送れる地域コミュニティが充実しているか、個人の特技などを生かして人の役に立つ場はあるか、移住の決め手はそこであるといえる。

今後も定住促進や移住ビジネスは全国で続いていくと考えられるが、移住者の誘致を地域活性化の手段として捉える補助金重視の活動は、そろそろ再考の時期を迎えているのではないだろうか。未来の住人候補に一人の人として真剣に向き合い、どれだけ魅力的な場を創造できるかを自分たちに問い直す。そうした発想の転換が今後ますます重要になってゆくだろう。

（村瀬博昭）

［農村女性の活躍事例］

北海道千歳市のファームレストラン「花茶（かちゃ）」

六次産業化の成功例

農業・農村で女性の起業が増えているのは喜ばしい。女性の視点を生かした農産物の高付加価値化は、女性の社会参加だけでなく高齢者福祉や生きがい対策の側面も担っている。例えば、北海道千歳（ちとせ）市の小栗（おぐり）美恵さんが営むファームレストラン「花茶（かちゃ）」は、六次産業化の成功例として高い評価を得ている。二〇〇一年には「第七回ホクレン夢大賞優秀賞」を、二〇一八年には「第一三回HAL〔北海道農業企業化研究所〕農業賞優秀賞」を受賞。周囲から「美恵さんはみんなのお母さん」と慕われている。

四国から北海道の農家に嫁いで

高知県出身の美恵さんが千歳の農家の四代目である小栗力さんと結婚したのは、一九七二年、美恵さん二二歳のときだった。美恵さんが嫁いだ当時、小栗農場の農地は二〇ヘクタールで、主に麦・大豆・小豆・カボチャ・ジャガイモを作っていた。

「〝一生貫ける仕事の人と結婚したい〟と思っていたので農業に偏見はありませんでした」と語る美恵さんだが、やはり〝何もかもできて当たり前〟の農家の嫁業に慣れるまでには語り尽くせぬほどの苦労があった。額に汗しながら、三人の子育てと家事にも手を抜かない多忙な日々を送っていたが、もともと手仕事が好きだったこともあり、じきになんとか時間を工面しては草木染や機織りの教室に通い始めるようになった。

「子どもたちが大人になったときに〝お母さんはいつも我慢ばかりしていた〟と思われるのはイヤでした。農家の嫁としては力不足でも、母親としてはいつも笑顔で明るくいたかった」

そのころは野菜のはね品の直売で現金収入を得るなどして、生きがいと経済的な自立の道を探していた。

「イチゴ狩り農園始めます」

転機は一九九〇年。地元の農業改良普及員から「イチゴ栽培は女性向き」と勧められ、美恵さんはイチゴ栽培に挑戦する。「何かしたくてうずうずしていた。飛びつきました」

北海道千歳市の「花茶」外観

やる気に火がつき、翌年には「イチゴ狩り農園を始めます！」と宣言して周囲を驚かせた。四〇歳の決断だった。

一方、この嫁の思わぬ発言に、家族は「こんな農村に人が来るわけがない！」と大反対。夫の力さんも「そんなに甘いもんじゃない」と心配顔だったが、当の美恵さんは「高知で体験したフルーツ狩りがすごく楽しかった。その農園はすごく繁盛していましたし、千歳でも都会の子どもたちにそういう場を提供することで商売は成り立つと感じました。それに子どもたちって真っ赤なイチゴが大好きですしね！」

持ち前のポジティブ思考で、美恵さんは近くの老人クラブや保育園に手書きのチラシを送り、開園準備を進めていった。

そして皆が息をのんで待った開園の日、美恵さんの目論見通り、お客は次々やってきた。周囲も驚くなか、イチゴ農園は連日大盛況。順調に売上を伸ばしていった。短いイチゴ狩りの期間が終わると、シーズンオフに少しでも現金収入を増やしたいと考えた美恵さんは、ゆでトウモロコシや野菜の直売も始めた。ただ、このとき野菜を売るだけでなく、ベンチを置き、フレッシュハーブティーをふるまってお客とのコミュニケーションスペースを設けたところに、美恵さんのビジネスセンスがうかがえる。お客とのコミュニケーションから都会の人たちが美しい農村風景そのものを喜んでいることがわかり、いつもの見慣れた風景に新しい価値を見出していったという。

農産物の高付加価値化販売に行政から〝待った〟が

そこからさらに農産物の高付加価値化を発展させたいと美恵さんは考えた。注目したのがアイスクリームだった。食品加工センターでアイスクリームの製造法を学び、農園のイチゴや栗味カボチャを使った独自のレシピを開発した。そして一九九六年、アイスクリームの店をオープンした。店の名は「花を見ながらゆっくり一服してほしい、農村浴で癒されてほしい」という願いを込めて、「花茶(かちゃ)」と命名した。

ところが、である。素材のおいしさが詰まったアイスが評判を呼び、農産物加工施設として許可を得ていた場所に予想以上に客が殺到すると、行政から販売に〝待った〟がかけられた。この窮地の抜け出し方も美恵さんらしい。彼女の長年の頑張りを評価する人の口添えもあり、一年がかりで行政と交渉。ここは絶対に引くまいと、「このままだと農村は衰退していくばかり。農産物に付加価値を与え、都会の人に農村や農作物を見せて関心を持ってもらう必要がある。アイス販売は農家の現金収入になり、女性の自立や雇用にもつながる」という手紙を出し、最後は特区として営業許可を手に入れた。その後は業務用アイスクリーム製造機を入れた加工施設を新設し、今では季節商品を含め五〇種類のアイスを提供している。二〇〇二年には有限会社に法人化し、念願のファームレストランもオープンした。

「〝普通の農家の主婦とは違うね〟ってよく言われます」と笑う美恵さんだが、その原動力にはやはり農村女性の生きがい探しだけではない、家族への、そして農村への大きな愛情が横たわっている。アイスクリームが忙しくなり始めたころ、「家事も小栗農場の経理も全部私一人では無理。あなたも家事を協力してほしい」と力さんに訴えたのも、つまるところは小栗農場が離農せず、将来子どもたちを大学に行かせることができるようにと考えてのことだった。

「離農していく家を見るのは本当につらいし、さびしいものなんです。子どもたちの将来にも関わってくることを思うと、花茶をしっかりと軌道に乗せたいという思いは一層強くなりました」

子どもたちとのファミリービジネス

現在、「花茶」は美恵さんと子どもたちとのファミリービジネスで展開中である。二代目社長になった長男がレストランを切り盛りし、次男はアイスクリームの製造を担当。長女はホールを担い、その夫は農業に精を出している。二〇一六年に亡くなった力さんも、きっと空からいきいきと働く家族の様子を寡黙な笑顔で見守っていることだろう。

「夫は私が地域からはじき出されないように、いつも陰ながら応援してくれました」

既存の〝農家の嫁〟像におさまらない美恵さんの行動力やビジネスセンス、農村独特の因習にとらわれない自由な発想を、もしかすると一番評価していたのは力さんだったのかもしれない。あるいは、力さんとの結婚をきっかけに、北海道で経験したさまざまな人との出会いが、美恵さんの〝新しい農村女性〟としての潜在的な才能を開花させたのではないかとも思えてくる。

「食料を作る農業は、命を支える大切な仕事。農家はもっと評価されてもいいし、若い世代には夢と誇りを持って頑張ってほしい。そうして地域全体が賑ってくれたら言うことなし。今はこの土地で地元のいいものを食べて、皆が仲良くして、気持ちもおだやか。人として幸せな暮らしを送っています」

そう語る美恵さんの言葉は、まさに本書が提唱する「ウェルビーイングな暮らし」そのもの。「経済の循環」「情報の循環」「人材の循環」で実現する農都共生の理想の姿がここにある。

美恵さんの高知の母親は「美恵は北海道に行って活かされたね」と語ったという。人と土地との巡り合わせもまた、農都共生がもたらす得難い恵みであることを、美恵さんの穏やかな笑顔から教えていただいた。

（林 美香子）

〔海外編・フランス事例〕

農都共生の先進国

日本の「グリーンツーリズム元年」を一九九二年――農林水産省構造改善局に「グリーン・ツーリズム研究会」が設置され、「新しい食料・農業・農村政策の方向（新政策）」にグリーンツーリズムが位置付けられた年――だとすると、それよりもはるか以前からヨーロッパではさまざまな国の名称・方法でグリーンツーリズムが行われてきた。日本の農政は長い間、農業政策中心だったが、ヨーロッパの農村政策の成功を見るにつけ、農村の多面的機能を活用した農村政策の重要性を痛感する。先人たちから学ぶためにも、かつて視察で訪れたフランス、イタリアなどの海外の事例を紹介したい。

「ボッフォールチーズ」で有名なボッフォール村へ

農業王国フランスを視察したのは、二〇〇六年秋のことである。「北海道カントリーホーム構想欧州視察団」（景観研究者や行政職員など参加者一四名、はまなす財団後援）に参加した。最初の目的地は、フランス第二の都市リヨンからバスで数時間の山岳地帯にある農村ボッフォール。アルプスの雄大な大自然を背景に、古くからの伝統的な板屋根作りの家が並ぶ、まさに「アルプスの少女ハイジ」の世界であった。

ボッフォールは、一九六八年にＡＯＣ（原産地統制呼称制度）を取得したボッフォールチーズで有名な地域。高付加価値チーズによる成功は「ボッフォール・モデル」とも呼ばれ、フランスのみならず欧州全体

フランス・ボッフォール村の景観

から注目されている。夏の間、標高一五〇〇メートルの山に放牧され、高地の牧草と草花だけを食べて育った牛の乳から作られるチーズは、かの有名な美食家ブリア・サヴァランが著書『美味礼讃』で「ボッフォールチーズは山のチーズのプリンス」と呼んだほど。一個四〇キログラムもあるハードタイプで、そのまま食べても、グラタンにしてもおいしい。伝統的な製法を守っている農家が組合を作って生産を続けており、後継者難の心配は全くないという。この「プリンス」が呼び水となり、美しい景観を求めて多くの観光客がバカンスに訪れている。

人口二〇〇〇人ほどのボッフォール村は、教会や役場を中心に小さなホテルやレストラン、土産店が連なり、農家民宿も多い。村のそこかしこに花が飾られ、人々はゆったりと行き交い、静けさと同時に精神的な豊かさも感じられる、いつまでも滞在したくなるような雰囲気だ。

都市計画担当助役のレオポール・ビアレさんによれば、「村の美しさは、土地利用や建築物の色、形状など細かい取り決めのある都市計画の文書が効力を発揮しているから」とのこと。一九五〇年代のダム作りのときに、景観を損ねる安易な住宅作りをしてしまった反省もあるという。役場や広場の見事な花の植栽も、昔からの伝統ではなく観光を意識するようになってから。役場には二名の花担当者がいるそうだ。

運良く、一九六〇年代にチーズ組合を結成した中心人物マキシム・ビアレさんの未亡人エリザベラさんにお会いすることができた。一九五〇年にパリから嫁入りし、七人の農村花嫁仲間とグループを作り、農家民宿を始めた地域のリーダー的存在だ。

「夫たちが工場を作り、スイスの観光地を真似て、展示コーナーも設けたの。昔は道路もなく、水道もなく、大変だったけれど、今はとてもきれいでしょう。この二五年で大きく変わったわ」と八〇代とは思えない元気さで応対してくれた。

フランスも昔から美しく整った景観が自然にあったわけではないのだ。そこに住む人たちの努力の賜であることを、忘れてはならない。

メオドール村の農家民宿と農家レストラン

続けて、グルノーブルから車で三〇分ほどのメオドール村。フランス最大の農家民宿連盟「ジットドフランス」に加盟しているオシャレな雰囲気の農家民宿「アルカンソン」に三連泊した。ここは、リヨンで心療内科医として勤務していたデュテリエヴォスさんが憧れていた農村への移住を決意し、古い農家を買い取って開業した農家民宿。一九八三年に家族五人で移住し、医師の仕事を続けながら自ら改装し、二年後に開業した。今では長男長女も経営に加わり、農村体験ツーリズムのコーディネートなども手がける従業員九名の会社組織になっている。

フランスでは二〇〇五年に農村発展関連法が施行され、都市住民の農村移住を助成する税的優遇措置が盛り込まれた。そのため、デュテリエヴォスさんのような非農業者が始めた農家民宿も多いところが、日本とは大きく異なっている。

地元では農家レストランに活路を見いだす小規模農家も多い。ヴェルコール地方自然公園の中で農家レストランを経営するフランソワさんは、趣味のハンググライダーを通してマルチーヌさんと知り合い、結婚。彼女の親の農地一五ヘクタールを引き継ぐことになり、小さい農地でどう生きていくかを二人で真剣に考えたという。

その結論が、飼育した牛肉の加工・直売をして付加価値をつける農家レストラン「マルチーヌとフランソワ」の開業、九八年のことだった。近隣の農家民宿に肉やソーセージを販売するほか、メインの収入はひとり二〇ユーロ〔約三〇〇〇円〕の牛肉コース料理。フランソワさんが言う。

「調理もサービスも、自分ひとりか妻とふたりでできるような、とてもシンプルなもの。オードブルは自家製ソーセージで、サラダは庭の野菜。ジャガイモと牛肉はオーブンで焼くだけ。デザートは庭の果物を使ったタルト。ワインもチーズも友人の農家から仕入れるからとても安い。でもおいしいですよ」

そう話しながら手際よく調理し、サーブしてくれたコース料理は、確かにどれもこれもおいしい。

素材そのものの質が高いからなのだろう。参加者からの「儲かっていますか」という質問には「家も新築したし、来月はタイに一カ月バカンス」と、笑顔で答えてくれた。自立した農家をめざすフランソワさんは、経営に一生懸命なだけでなく、バカンスも楽しみ、納屋に古い農機具を展示したり、アーティストを招いてイベントを開催したりと、暮らしそのものを大切にしている様子が伝わってきた。

フランスの農都共生を推進する「地方自然公園」

フランソワさんが「店の宣伝は口コミと地方自然公園のパンフレット。地方自然公園の制度はとてもいい。いろいろな店が協力しあって農村ツーリズムの消費マーケットを広げていきたい」と語っていたが、実はこの地方自然公園の存在が、フランスの農都共生を推進する上で非常に重要な役割を果たしている。

ヴェルコール地方自然公園事務所長のウェイクさんに話を聞いた。地方自然公園は、一九六七年、DATAR〔直訳すると「国土整備と地域競争力に関する省庁間担当庁」〕が農村地帯を活性化するために作ったもの。当時のフランスは農村部からの人口流出が増加し、農業の衰退が心配されていたのである。DATARは、フランスの縦割り省庁の中で唯一枠を越えて、各省庁の調整を行う権限のある政府機関で、一九六三年から二〇一四年まで存在した省庁である〔現在は他の政府機関に統合されている〕。ここが各地域の複数の州知事をコーディネートし、将来の地域振興策をまとめ、農村や山岳の対策を立て、実行していたのだ。その活動のひとつが「地方自然公園」であり、農村ツーリズムの振興に大きな力を与えている。縦割り行政の弊害がさまざまなところに現れている日本にも、こういう組織があればと思わずにはいられないような機動力である。

地方自然公園と名付けられているが、「農村公園」と呼んでもいい内容である。視察時にはフランス全土に四四カ所あり、地域振興と自然遺産・農村遺産を保全する目的がある。

地方自然公園は市町村が国に申請して作り、各自治体が参加しなければ運営できない仕組みになっている。「開発と保護の共存」という難しい目標をクリアするため、地方自然公園ごとに一二年計画の目標憲章の作成が義務づけられている。

予算について聞くと、「ここでは年間、一万ユーロの予算。州が六〇パーセントで、都市もかなり出している。この公園は、グルノーブル市がかなり払っている。都市生活者が保養する場所なのだから当然だ」。日本とは政治や自治体の仕組みも違うので、そのまま取り入れることは不可能にしても、農都共生を推進するために都市側が財政的支援をしているとは素晴らしい発想だ。

地方自然公園には、

①文化遺産の保存
②国土整備
③持続可能な社会の発展に貢献
④情報提供(公園案内や農家民宿・農家レストランの紹介パ

ンフレット作成など）
⑤持続可能な発展のための具体的方法の研究
という五つの目標がある。

また地方自然公園に関連する近隣の市町村の都市計画文書は、地方自然公園の目標憲章に合致していなければならず、地方自然公園の重要性と位置づけの高さを感じた。だからこそ、美しい景観が維持されているのであろう。フランソワさんが「いい仕組みだ」と誉めたのも頷ける。

フランス・ヴェルコール地方の「地方自然公園」内のレストラン

農村ツーリズム養成教育機関ＡＦＲＡＴとマルシェの賑わい

ヴェルコール地方自然公園の中には、フランスで唯一の農村ツーリズム活動の養成教育機関ＡＦＲＡＴがある。山岳地帯での農業経営の厳しさを打破し、小規模農家が農村ツーリズムで生きていくための実践的学びの場として、ヴェルコールの農業者たちにより一九六五年に設立された。

現在は農業会議所や観光省、州などの地域振興関係者、教育機関関係者などが運営理事会に加わり、ツーリズム起業・経営コースと山岳ガイド・スポーツコースを設置。料理・経理・建築・接客・スポーツ指導法などを幅広く学ぶことができる。期間は最短三日から八カ月と、参加者のニーズに幅広く対応し、授業料は生涯学習の保険を使うなど、本人負担が少額で済むように工夫されている点も特筆に値する。

研修後、起業の際の助言もしてもらえるからだろう、農村部でツーリズムに従事する者が八五パーセントと大きな成果を上げていた。

AFRATがフランスの農家民宿・農家レストランの質を高めていると感じたのは、食堂で研修生が作ったランチを試食したときだ。プロのシェフが指導しているだけあって、どれも本格的なメニューばかり。サーモンパテなどのオードブル、ポテと呼ばれる豚肉と野菜類の煮込み、土地のチーズ、ラズベリーなどのタルト……。「この料理を本当に実習生が?」と、感嘆した記憶が残っている。

マルシェについても触れておこう。パリの中心部、凱旋門の近くにもマルシェが立つほど、マルシェ好きのフランス人。野菜、果物、肉、魚、チーズ、パンなど、さまざまな食品が並び、フランス人の毎日の食生活に欠かせない存在だ。朝から昼過ぎまでのマルシェが多いが、日中買い物に行けない若い世代に向け、駅前での夕市の試みも始まっている。フランス政府も、地産地消を進めるための「ショートサプライルート」の一つとして位置づけている。

マルシェの思い出といえば、リヨンの中心部を流れるローヌ川沿いに立っていた朝のマルシェ、日本風にいえば朝市が懐かしい。朝市といえば、北海道でも各地で頻繁に行われており、見慣れているはずだったが、リヨンのそれはまるで別次元のものだった。色鮮やかなレモンやトマトをアクセントカラーに使った見せ方をはじめ、いたるところにオシャレなフランス国民のセンスが光っていた。テントの形や庇のデザインも洗練されている。アルマイトの平皿に白い紙を敷き、無造作に並べたトマトやインゲンがおいしそうだったこと。日本のようにビニール袋に入れていないせいも

フランス・リヨンのマルシェ

あり、野菜や果物のみずみずしさが、今、ここで買いたいという気持ちを誘う。プラスチックではなく、木や籐などの自然素材の器や雑貨を使ったオシャレなディスプレイも魅力的だった。日本の直売所のように単に販売するだけでなく、交流を楽しむ、食を楽しむという意識が強いせいもあるのかもしれない。地域づくりにはデザインの力もとても重要だと実感したリヨンのマルシェだった。

　視察の最後に、パリでお会いしたソルボンヌ大学総長〔当時〕のピット教授は、景観と農作物の関係を研究している地理学者。「農作物の品質は、景観の質と密接な関連がある」と論じている。つまり「おいしい農作物は、美しい景観の中でこそ育つ」というわけだ。この言葉を

農業者、行政、地域づくり関係者をはじめ、多くの方たちに伝えたい。

そして、ここで繰り返し強調したいのは、フランスの農村の景観も「もともと美しい土地だったのでは？」というような地理的な優位性や自然任せの産物ではなく、一九六〇年代から外から人を呼べる景観づくりに取り組んできた人々の努力の成果であるということだ。アグリビジネスやグリーンツーリズムも、小規模農家や山岳地帯の農家の生き残りをかけて始まった官民のたゆまぬ振興活動の積み重ねであることを、視察中さまざまな場所で聞かされた。

フランス各地の視察中に聞いた話の中で、深く心に残った言葉がある。フランスの法学者フランソワ・セルヴォアンによる、「将来性のない地域は存在しない。その地域は計画がないだけである」という言葉。

自分のまちは果たして——。まちの将来は自分たちで作っていくものという気概が大切なのだと感じた。

ボッフォール村、ふたたび——法で守る「味の景勝地」

二〇一〇年の夏、慶應義塾大学全学の「食と農の研究プロジェクト」のメンバーとして、「食と景観」をテーマにした調査でフランスのローヌ・アルプ地方などを再訪した。景観の美しさ、食文化の豊かさ……。何度訪れても、農業国フランスにおける農村地域の素晴らしさに圧倒された。

四年ぶりに訪れた山岳地帯のボッフォールは、広大な放牧地と伝統的切妻屋根の集落が以前と変わらぬ牧歌的な美しい景観で迎えてくれた。山岳地帯ならではの高低差がある地の利を生かした放牧酪農によって質の高いボッフォールチーズが作られることは前述したとおりだが、この時は夏山で高地放牧している様子も視察できた。酪農家の夏の滞在小屋は観光客や保養客向けにカフェとして使われ、トレッキングなどで訪れた人たちが搾りたての牛乳を飲みながら周りの景観を楽しんでいた。この美しい牧草地を維持管理するための費用として農家への補助金が支払われており、EUの共通農業政策による環境や景観対策などの予算も使われているという。さらに国が国境地帯の農業を守るのは国防の側面もあると聞き、ヨーロッパのさまざまな紛争の歴史を思い出した。

女性村長のブリジットさんは、

「景観とチーズなどの食の魅力が多くの来訪者を集め、村の経済を潤しています。そのことを地元の人たちが深く理解していることが素晴らしい。景観がよくなければ観光客は来ない、と地元の人たちは肌で感じているわ」

と強調していた。フランスは、一九一三年に歴史的構造物の保存に関する法律が制定されたのを皮切りに、一九三〇年には「景勝地の保全」、著名な作家で文化大臣も務めたアンドレ・マルローによる通称「マルロー法」と呼ばれる「保全地区」の法律が制定されるなど、国を挙げて景観に対する関心が高い。国民の景観への意識の高さは、日本とは相当な差があるようだ。

二泊した家族経営のプチホテルは、女主人の気さくなもてなしで人気がある。夕食は地元のボッフォールチーズや、村の肉屋さん製造のソーセージを使った家庭的な郷土料理。おいしさを褒めると「サラダ、グラタン、デザートもチーズ。料理法は簡単よ。チーズは村の宝、大切な食文化ね」と笑った。チーズと景観で成功したこの村の豊かさを実感した。

ところでフランスには、前述したピット教授の「おいしい農作物は、美しい景観の中でこそ育つ」という研究成果を地域づくりに活かした「味の景勝地」（ＳＲＧ＝Site Remarquable du Goutの略。直訳すると「味の非常に素晴らしい場所」）という制度もある。一九九六年から始まり、おいしい食べ物とそれを生産する美しい景観を併せ持つ場所を選び、多くの人に足を運んでもらおうという仕組みである。「フランスの食文化のショーウインドー」とも呼ばれる「味の景勝地」には、次の四つの認証基準がある（「味の景勝地」公式サイトより）。

①風土（自然や文化遺産）／景観や建物、文化的遺産構造物に表われる地域特有の食に関わる風土を有すること

②農産品・生産活動／伝統を誇り名声に値する特徴的な地域農産品あるいは生産活動があること

③観光受け入れ態勢／旅行客に対し食・景観・生産者のつながりを理解させられる受け入れ態勢があること

④地域内外の活動組織／右記三つが相乗効果を発揮する農業・観光・文化・環境に関わる人々の組織があること

過去の認証例としては、有名シェフたちがこぞって使う「ゲランドの塩」や「ロックフォールチーズ」など、水産物・水産加工品、農畜産物・農畜産加工品、ワイン・ビール、スイーツ・菓子類など多岐にわたり、二〇一〇年当時は七一カ所が選ばれていた。どこも都会からは遠いが、わざわざ出かけたくなるような場所ばかりが選ばれており、昔ながらの手間のかかる高地放牧により作られるボッフォールチーズは、「このチーズを食べると、山の美しい景観が蘇る」といわれ、人気の高さにつながっているという。少量だが高品質なものを生産する人たちを経済的に支える巧みな制度であると同時に、それはまた経済性だけを優先せず、多様な郷土の食文化と景観を守ろうとするフランス人の心意気とも映る。

「味の景勝地」の話を聞いた時、日本でも実現できたらどんなに素晴らしいことだろうと思った。おいしい食と美しい景観の場所がたくさんある日本。各地でとれたおいしいものを東京などの大消費地に出荷するだけでなく、地元で提供し、多くの人にその土地の食と景観を堪能してもらう仕組みが必要である。

これまでの日本の農業では、生産地は生産性や経済性ばかりを重視して、ひたすら大消費地に出荷してきた歴史が長く、フランスのように生産地に人が向かうという動きはあまりなかった。高度成長期の経済合理性優先の政策や極端な東京一極集中、また「働きバチ」と呼ばれた日本人の働き方の影響もあったのだろう。だが持続可能な社会づくりを目指すこれからは、農業生産に限らず、その背景にある多様な文化を守るという視点が大切だ。最近になり、ようやくスローフード運動や地産地消による地域づくりの考え方が広まり、地方にもおいしい飲食店が増えるなど変化の兆しも見え始めた。

そして二〇一六年、とうとう日本でも農林水産省による「食と農の景勝地」制度が創設された。その三年前に「和食」がユネスコ無形文化遺産として登録され、国内外で関心が高まっていること、また訪日外国人旅行者へアピールしたいということも背景にあったようだ。二〇一七年からは、事業名を「SAVOR JAPAN（農泊 食文化海外発信地域）」に変更して継続されている。二〇一六年度から二〇二一年度までで、北海道十勝地域のチーズ、秋田県大館地域のきりたんぽ、静岡県浜松・浜名湖地域のうなぎ、香川県さぬき地域のさぬきうどんなど、全国三七の地域が認定されている（二〇二二年度の夏にも募集があった）。

この制度が定着し、多くの人たちが日本各地に出かけ、食と景観を楽しみ、その結果として、農山漁村の所得向上や地域活性に繋がることを願っている。

（林 美香子）

［海外編・イタリア事例］

人生を謳歌するアグリツーリズモ発祥の地

「農業王国フランス」の次は、こちらも世界中から愛されている「食の国イタリア」に目を向けてみよう。世界最小の国家バチカンを有する首都ローマを筆頭に、ファッションの街ミラノや水の都ヴェネツィアなど、観光大国でも知られるイタリアだが、実は美しい農村を舞台とする「アグリツーリズモ〔農村観光〕」が盛んな農業国でもある。最近は雑誌やテレビでも、アグリツーリズモ特集を見かけることが増えてきた。二〇一三年から三年間、毎年訪れたイタリア視察の中から特に印象に残ったことを紹介しよう。

イタリアのマルシェとスーパー

二〇一三年、ヨーロッパ最大の公設市場、イタリアのトリノ公設市場は多くの客で活気と熱気にあふれていた。青空市の店と、一九一六年に作られた大きな鉄製の建物内に店が並ぶ。市が設けた「地元の農家」コーナーには、地物の珍しい野菜やチーズがずらり。小学生の社会見学のために、トリノを中心にした地産地消を示す大きな地図が飾られていた。「地元の農家」代表のジョバンニさんは、「鉄がとても貴重だった時代にこの建物を作ったトリノ市は偉い。地元の子どもたちが訪ねてくれるのは、とてもうれしいね」と陽気に語った。

イタリアでもフランス同様に流通短縮を推進する法律ができ、「フードマイレージ・ゼロ」の視点からも新設のファーマーズマーケットが増加しているそうだ。買い物をしながら農家と客が情報交換をし、子どもたちが学ぶマルシェは、農都共生の格好の交流の場になっていると感じた。

次は同じ買い物の場であるスーパーの話題。二〇〇七年一月トリノ市に一号店がオープンした新しいタイプのスーパーマーケット「イータリー」。楽しさにひかれて何度も訪れた。「高品質食品を、持続可能な価格で」を目的に、歴史的リキュール工場跡地にできた「買って、食べて、学べる」をテー

イタリア・トリノ公設市場

マにした食の複合スペースだ。小規模高品質食品の生産者と生産物を守り、食育にも力を入れている「スローフード協会」がコンサルタントをしているという。

イタリアらしい明るく洗練されたデザインの店内には野菜や肉、チーズ、ワイン、お菓子などの売り場が並び、随所にイートインコーナーがあり、楽しい雰囲気にあふれている。図書コーナーもあり、食品の説明パネルも詳しく書かれている。「学べる」に力を入れているのが伝わってきた。「イータリー」は食に関心の高いイタリア人の心をつかみ、イタリア全土に一一店舗と拡大している〔世界一五カ国に進出し、日本でも銀座などに出店しているが、やはり本国の店舗を見てしまうと日本の売り場には物足りなさを感じてしまう〕。

こうした先進的なスーパーもある一方で、低価格や簡便さを前面に打ち出した庶民派の「ハイパーマート」も支持されている。料理の手間を省きたい人たちにはありがたい、カット野菜売り場の大きさにはびっくりした。レタス一つとっても、細切りやサイコロ切り、大ぶりのものとカットの仕方がさまざまで、生マッシュルームの薄切りパックなどもある。冷凍食品や惣菜コーナーも種類が豊富で、多くの客がカゴいっぱいに購入していた。日本と同じように収入や時間的余裕の格差が「高級志向か庶民派か」という消費者の二極化に表れているのかもしれない。

ただ、イタリアでは、日本以上にオーガニック食品や有機農業への関心が高く、どこのスーパーでもオーガニック食品のコーナーにスペースを割いていた。実際、イタリアはヨーロッパ最大の有機農業の国である。農家が生き残りをかけ、一九六〇年代に量から質の農業に転換を図り、さまざまな認証制度もある。九〇年代には有機農業がイタリア全耕作面積の七パーセントを占めるまでになった。有機農業が拡大した最大の理由は、ＥＵの共通農業政策の食品安全基準の強化と有機農家の支援にあると言われている。

農家民宿を兼ねるワイナリー、スローフード協会の仕事

地域づくりの成功例として世界的にも注目されているトスカーナ地方などの農村地帯はとても美しく、活気が感じられた。伝統的な製法で丁寧に作られるチーズや生ハム、ブドウ果汁を長期間熟成させて作るバルサミコ酢などの工房には、多くの観光客や地元客が訪れている。地元農産物のおいしさを生かした郷土料理やブドウ畑・オリーブ畑の美しい風景が続くアグリツーリズモには、多くの人を引き寄せる魅力がある。

イタリアのワイナリーは農家民宿を兼ねているところが多く、料理教室やワインセミナーを開催して収入を得ているところも増えている。アグリツーリズモ法の補助金を活用して古い建物を修復

したレストランや民宿を経営する農家も増加しているが、地域の乱開発を守るために作られた「ガラッソ法」という景観法の効果もあり、質の高さを保っている。空き家が増え、閑散とした商店街が続く日本の地方とは大きな違いがある。レストランや民宿をしながら学校単位、家族単位で農業体験の機会を提供する「教育農場」の活動も盛んだ。フィレンツェ近くにある農家「パウジャーノ」には自給自足の暮らしにあこがれる家族が、都会から数多く訪れているという。

スローフード協会の本部があるブラは、人口三万人のごく普通の地方都市。中心部は、徒歩で回れるコンパクトな規模で、住民の多くが何世代にもわたって住んでいる。一九九七年から、町とスローフード協会が共同で、隔年九月にチーズの祭典を開催し、世界中からグルメが訪れる「チーズの都」になった。スローフード協会本部のレストランは、満員の盛況ぶりだった。ブラにあるバローロ〔「イタリアワインの王様」と呼ばれる高級ワイン〕のワイナリーは、ワイン製造と同時にプチホテルを経営。モダンで上質なインテリアで、都会人を惹きつけている。

隣村のポレンツォには、スローフード協会の提案による「食科学大学」があり、世界中から学生や研究者が集まっている。ガストロノミーを学問として多角的に研究する大学キャンパス内に、最高レベルの郷土料理レストランのあるホテルや、イタリアワインの文化を守り伝えるための「ワインバンク」などの複合施設も充実している。

トリノ近郊のカルマニョーラ町では、町の特産品である「ペペローネ〔パプリカ〕祭り」を見ることができた。八月末から一〇日間開催される収穫祭で、その年は六四回目。伝統的な栽培法によるペペローネは、色鮮やかで一つが一キログラムもあるが、客はどっさりと買っていく。二万人ほどの町に、期間中二五万人も訪れ、夜遅くまで賑わいが続く。食を楽しむイタリアならではの祭りだ。

ワイン産地キャンティ地方にある「ダリオ・チエッキーニ肉店」は、名物店主ダリオさんが経営する肉屋とレストラン。銘柄牛「キアナ牛」の郷土料理が有名で、いち早く始めたホームページによる巧みな情報発信もあり、世界中から彼の肉を食べにくる客で超満員の人気である。

イタリアの生活協同組合「ノヴァコープ」が実施している消費者プログラムもまた、素晴らしい。イタリア生協連では、一九八〇年から子どものための消費者教育を開始。教材や指導員を整備し、学校向け事業として確立し、一九九九年からは、教育省との間に連携協定も締結。今回訪ねたノヴァコープでは、店舗の中に消費者教育用の部屋があり、幼稚園児から高校生向けまで、年間一二〇〇ものプログラムを実施している。簡単な調理をする食育講座や、水と環境負荷を学ぶ講座、公正な労働による食品を学ぶ講座など、内容も多岐にわたる。楽しみながらの消費者教育を算数や社会の授業として実施していると聞き、驚いた。日本の教育環境との違いは大きい。

アグリツーリズモは一日にしてならず

二〇一五年秋、イタリアで開催されたミラノ万博と合わせて、ミラノ近くの生ハムで有名なパルマなどで食や農村の生産現場を視察した。史上初の「食」をテーマにしたミラノ万博は二二〇〇万人の入場者を数え、経済や雇用創出にも大きな効果があったという。国民全体が食に関心が高く、各地に郷土料理が残るイタリアだからこその大成功だったのではないかと思う。またこのとき、ミラノ市は万博を機に「都市食糧政策協定」を提唱し、世界の一一三都市が参加を表明した。

世界各地に広がる和食ブームの影響もあるのだろう。日本館は二二八万人もの入場者があり、展示デザイン部門で金賞を受賞するなど高い評価を得た。各都道府県による料理試食や日本酒試飲のイベントには長蛇の列ができていた。

こうして「食」の万博が大盛況のうちに幕を下ろしたアグリツーリズモの国イタリアだが、決して昔からイタリアの農村にアグリツーリズモがあったわけではない。かの地にも発展の歴史があるのだ。第二次世界大戦後、離農が相次ぎ、廃屋が増えるなど農村の疲弊が続いたイタリアでは、一九六五年、フィレンツェの近くで農業と観光の統合を目指した「アグリツーリスト協会」が誕生。続いて一九七三年にアルト・アーディジェ州が「アグリツーリズモと田舎の観光に関する法律」を公布したことが先駆けとなり、一九八五年にはイタリア政府が世界で初めて農村観光を定めた法律である「アグリツーリズモの定義」を制定した。この法律をきっかけに、補助金や税金の優遇策を活用した農家レストランや農家民宿などが増加していき、廃屋の多かった農村は美しい田園に蘇った。

九〇年代以降になると、アグリツーリズモはイタリアの観光の中でも農業経営の中でも大きな比重を占めていく。その背景には、ＥＵの観光政策が田園観光に軸足を置いたことが大きいともいわれている。美しい農村風景に加え、イタリア各地に根付いている美酒・美食や農産加工品も大勢の観光客を引き寄せた。美酒についていえば、かつて買い叩かれることも多かったイタリアワインは、原産地呼称保護制度などを取り入れることで価値を上げ、ブランド化に成功。ワイナリー巡りもアグリツーリズモの大きな魅力の一つになっている。
また一九八六年から始まったスローフード運動により、イタリア国民の食への関心と興味が一段と高まり、一般家庭でも食材を品質で選ぶ習慣が広がった。だからこそ誕生した前述のスーパーマーケット「イータリー」である。スローフード運動の地道な活動により消えかかっていた郷土料理や伝統食品が見事に復活した例も多く、それらを目当てに新たな客が訪れるという経済効果が生まれ、持続可能な農業経営に繋がっている。
イタリアの農村地帯が美しく元気に再生できたのはなぜか。自分の住む地域を何とかしたいという熱い郷土愛に加え、有機農業、アグリツーリズモ、スローフード、ガラッソ法、食のブランド化などさまざまな取り組みの効果が重なり、大きな力を発揮したのだと思う。スローフード運動で「共生産者」と呼ぶ農業を理解・応援する意識の高い消費者が多いのもイタリアの特徴だ。人生を謳歌するのが巧みなイタリア人たちの陽気で大らかな気質もプラスに作用したに違いない。

（林　美香子）

［海外編・スペイン事例］

美食と郷土愛の国

二〇一六年秋、スペイン北部のバスク地方サンセバスチャンとカタルーニャ地方バルセロナを視察で訪れた。国家財政が逼迫しているスペインだが、実は世界有数の観光大国で、二〇一六年当時は国際観光収入で世界第二位、国際観光客数で世界第三位であった。美食の町として知られるサンセバスチャンは、有名シェフたちがレシピを公開することで地域の食のレベルが向上し、一九九四年からは世界料理学会も開催する、世界の料理人たちの憧れの地である。豊富な食材を活かしたミシュランの星付きレストランが多く、食堂とバーが一緒になったバルも人気が高い。旧市街のバル巡りは風情もあり、味もよく、良心的な価格で、評判どおりハイレベルな楽しい体験だった。

スペイン・サンセバスチャンの「バル」

サンセバスチャンにあるモンドラゴン大学「バスククリナリーセンター」は、行政の支援だけでなく企業からも協賛金を得て、二〇一一年に開校したスペイン初の料理学の四年制専門大学である。料理人のほか、サービス従事者、食の研究者などの養成に力を注いでいる。生産者も非常に熱心で、絶滅の危惧があったバスク豚を復活させた農家は、豚の飼育だけでなく、豚肉の加工所や豚料理のレストランを経営し、大きな成功を収めている。古くから続くバスクワイン・チャコリのワイナリーも、試飲会や講習会を積極的に企画して地元客・観光客を受け入れ、農村ツーリズムを実践している。

スペインで強く印象に残っているのは、地元食材への徹底的なこだわりと人材育成の重要性である。スペイン国民の情熱が「美食」と「郷土愛」という形で結実したサンセバスチャンやバスクの成功例を見ていると、日本でも外から人を呼び寄せるだけでなく、地元と一緒に地域を盛り上げていくという視点が不可欠だと感じた。

若き日にサンセバスチャンで修業した函館の料理人・深谷宏治さんが仲間に声をかけ、二〇〇九年から地元で世界料理学会を開催しているのも、その好例として挙げておきたい。二〇二一年のコロナ禍でもリモートで開催し、今できることに果敢に取り組んでいる。ホームページにあったキャッチコピーは「歩みを止めない」。頼もしい、の一言である。


（林　美香子）

［最後に］　生産者と消費者を繋ぐ――帯広市の地元小麦を使う「満寿屋（ますや）パン」

本場の農都共生ライフを体験したフランス、イタリア、スペインの訪問記を駆け足で振り返ってみた。マルシェで生産者とのやりとりを楽しみながら、買い物をする都会の人たち。週末やバカンスに農村を訪れたカップルや家族が、美しい田園風景に囲まれて地元ワインと郷土料理を前に、ゆったりとした時間を過ごしている光景を、ヨーロッパ各地で見かけた。各地で繁盛している農家レストランも、昔からの建物を上手に生かした心地良い空間と確かな味で、人気が高いのにも頷ける。

時間をかけて高齢社会になったヨーロッパならではの、暮らしをゆっくりと楽しむライフスタイルもあるのだろう。都会人の楽しみとして、豊かな食のある農村を訪れることが生活に根づいており、彼らの訪問によって農村も経済が回る。農村と都会の人々が互いに必要とし合う関係性が、美しいヨーロッパの風景に長く息づいていることを実感した。

ひるがえって日本では、戦後急激な工業化に突き進んだ頃から農業生産者と消費者の距離が遠く離れてしまったのは残念なことだが、近年は生産者と消費者の関係を繋げるための動きが全国で始まっている。鷹栖町の新規就農で紹介した米農家の平林さんとキッチンカー「鷹栖のおにぎり そら」の連携も、その一例である。仲間の協力を得た米農家が「美味しいお米」の販売方法を一歩進めて、消費者がすぐに食べられる形、おにぎりで提供。まずはごはんの美味しさを知ってもらい、そこから米の販売に繋げている。これまでも米店が経営するおにぎり店はあったが、個人の米農家がそこまでしているのは珍しい。キッチンカーという話題性もあり、この方式はこれから広がっていく可能性があると思う。

同様に、小麦農家との連携に熱心に取り組んでいるのが、北海道帯広市の老舗「満寿屋（ますや）パン」の四代目社長杉山雅則さん。北海道十勝地方は国内最大の畑作地帯で、小麦の作付け面積は日本全体の二〇パーセントを占める小麦の大生産地である。満寿屋パンは地元の十勝産小麦や卵・バター・牛乳などを使った「地産地消のパン屋さん」として地元で愛されている。一般にパン用小麦は北米産など輸入が多く、満寿屋パンもかつては輸入品を使っていた。ある時、パンを買いに来た地元の農家から「うちの小麦は使われているの?」という質問を受けたのをきっかけに、雅則さんの父親で二代目社長の杉山健治さんが地元の小麦を使って地産地消を進めようと決意したそうだ。一九八〇年代から十勝産小麦の使用を段階的に実施し、パン用の小麦品種「キタノカオリ」「ゆめちから」などが開発されたこともあり、二〇一二年一〇月からは、地元十勝産小麦の一〇〇パーセント使用を全店・全商品で実現している。

杉山さんは地元産の小麦の価値を多くの人に知ってもらいたい、地元農家に小麦を栽培し続けてほしいという願いを込めて、さまざまなイベントにも積極的に関わっている。手作りの石窯を積んだ軽トラックで幼稚園などを回る地産地消の食育イベントをはじめ、北海道小麦の価値を高めるための講習会や勉強会を展開する一大イベント「北海道小麦キャンプ」、帯広の隣町・音更（おとふけ）町の畑で開かれる小麦の収穫を祝う「麦感祭（ばっかんさい）」、地元のパン店と連携して進めるオリジナルパン「十勝パン」の開発など、多岐にわたる活動を続けている。生産者と消費者を結ぶ地元パン店としてのその活動は称賛に値する。消費者が満寿屋のパンを購入することで、十勝の農家の経営を支え、農業の持続可能性を応援する仕組みを実現しているのである。

私が講演会などの最後に、消費者の皆さんに必ず伝える言葉がある。「地元のものを買って、食べて、飲んで、応援してくださいね」というフレーズ。「買い物は投票」という表現も気に入っているのだが、農業者が生産したものを消費者が理解・応援して買い物する＝投票する、という関係はとても重要だ。農都共生ライフを実践し農家と直接交流することで、信頼が生まれ、応援したくなるような関係になっていくのが理想だと思う。

日本の農業界はその視点が今まで弱かったように思う。生産者は消費者と対立するのではなく、消費者と交流・連携していく仕組み作りが大切なのだ。その点ですごいなと思うのがフランスである。例えば、ブドウから作られるワインは究極の高付加価値農産品ともいえるが、フランスのワイン産地には、その土地のワインの名声を高め、振興することを目的とした普及啓蒙団体である「ワイン騎士団」が作られている。各地のワイン生産者やワイン商などが創設し、ボルドー、シャンパーニュなどに七〇以上も存在する。騎士団に叙任されるのはとても名誉なことで、会員はワイン愛好家（つまりワインをたくさん購入し愛飲している人）や著名人など。叙任式では美しいマントを羽織り、華やかなメダルが授与されるなど、その演出も見事である。世界各地に支部があり多くの会員がいる。

ワインだけでなくさまざまな食の分野でこうした会があるのが、さすが美食の国だ。一三世紀のガチョウのロティ（ロースト）調理人のギルドをその名の起源とする「ラ・シェーヌ・デ・ロティスール（ロティ調理人の鎖）協会」は、一九五〇年にパリで設立された国際的な美食協会。現在八〇カ国に支部があり、美食家とホテル・レストラン・料理長・ソムリエ等の料理関係者の会員約二万五〇〇〇人が、料理芸術や食の楽しみの価値というテーマで美食の会を開催している。また私は、パリに本部があるチーズの国際的組織の日本支部「ギルド・クラブ・ジャポン」の会員なのだが、工房経営者や職人、専門店経営者、研究家、愛好家など、チーズを愛する世界三三カ国、約七〇〇〇人の人たちと交流できる機会を楽しみにしている。フランスに限らず、地元のチーズを愛するというこの会の趣旨に大いに共感している。

　こうした食に関するさまざまな会の活動がフランスの食文化の振興と同時に、フランスのワインや食品の輸出促進にも貢献しているのは間違いない。農業生産者が消費者とどのように連携し、消費者の支持を集めていくかの知恵は、フランスから学ぶべきことがたくさんあると思う。（林 美香子）

第四章　農都共生ライフへ向けて

――ウェルビーイングに暮らすための〈提言〉

これまで第一章で日本のグリーンツーリズム活動の基礎知識を、第二章で今後さらなる発展・浸透が望まれるCSAの概要と先進事例を、第三章で国内外の農都共生による地域活性化の実例を紹介してきた。

本章ではこれらの流れを受けて、林と村瀬がいくつかのテーマにそって語り合い、〈提言〉にまとめた。

私たちが提唱する〈農都共生ライフ〉は、都会の人全員に「さぁ、来年から農村で暮らしましょう！」と呼びかけるものではない。私たちが提唱しているのは「都会暮らしに心身が疲れた」「家族のために田舎で過ごす時間を増やしたい」「ライフスタイルを見直したい」「食や環境に関心がある」「自分なりのＳＤＧｓに取り組みたい」という人々に、農業や農村に関して「あなたに合った接点を見つけてもらいたい」ということだ。

同時に「自分たちのまちに新しい風を起こし、外から人を呼び寄せたい」と模索する農村の有志の人たち、自治体関係者などにも、〈農都共生ライフ〉のよさを知っていただき、そこから目の前にある問題を突破するヒントを見つけてもらいたい。きっと見つかるはずである。

1　まずはCSAに参加してみよう

「推し農家」を作りエシカル消費を実践する

「移住」や「就農」はハードルが高くとも、「食」を通じて意欲の高い農業従事者と接点を持ち、そのコミュニティに関わっていく手段がある。それがCSAであることは第二章で説明したとおりである。課題は、発祥の地アメリカに遠く及ばない、日本での浸透率の低さである。今後どうしたら日本流のCSAが広がっていくのかを考えてみたい。

CSAに参加する農家は、有機栽培あるいは無農薬栽培の農家ばかりである。はじめは、その人たちが作る高品質の野菜を目当てに入会する消費者たちは、徐々に有機栽培生産者たちが実践する活動——食育やフードロス対策、エコライフ、地域づくり等——の価値観自体に賛同し、いわば「推し農家」の活動を支援するファンになっていく。

すなわち、期待通りの食を購入できると同時に、都会にいながらにして農の現場の第一線にいる生産者を支援しているという充足感を得ることができる。エシカル消費こそが、ＣＳＡへの参加という〈農都共生ライフ〉の魅力であろう。しかしこのことは、現状では一般にはまだ十分に伝わっているとはいえない。まずはきっかけ作りから——という段階なのではないかと思う。第二章で紹介した札幌のファーム伊達家のように、ＣＳＡ農家の中には定期的に農業体験イベントを開催しているところもあるので、ＣＳＡに興味がある人はまず、そこから入ってみてはいかがだろうか。

中間支援組織ができればＣＳＡは前に進む

次に、「ＣＳＡに関心はあるが、導入には二の足を踏んでいる」という生産者の方々には中間支援組織の支援を得てから実施するというやり方がある。有機農業が少数派である日本では「作って売る」ところまでを果たして自力でできるのか、という不安を覚える農家は多い。本家アメリカには生産者と消費者をつなぐ大規模中間支援組織が存在し、何百軒もの農家を束ねている。日本でも中間支援組織が増えることでＣＳＡが実施しやすくなる可能性はある。人や組織を介するため人件費は発生するが、農家は消費者との交流を図れるうえ、業務の負担が軽減できる。また、農作物があまりよい出来でない年があったとしても率直な農家の気持ちを伝えることで翌年も会員になってくれたりする。

かなりのレアケースではあるが、アメリカのＣＳＡの中には農薬を使って農産物を栽培している農家もいる。今はまだ農薬を使っているが、いずれ無農薬有機栽培への移行を目指していることを会員に説明して理解を得ている農家もいる。「有機野菜が手に入らないのなら会員になるメリットがないのでは？」と思われがちだが、秋に大量に収穫した野菜を取りにきてもらうときに、春までの長期保存の瓶詰めノウハウを会員たちに伝授するなどのひと工夫をして思いを伝えることによって、生産者・消費者双方にメリットが生まれている。

年々、安全で高品質な農作物を求める消費者が増えていることを踏まえると、有機農業や自然栽培はＣＳＡの求心力となる重要な要素であるが、それと同時に農家の思いや気持ちを会員に伝え、「一緒に農業を実施している」という一体感も重要である。両者の信頼関係が深まり、より魅力的な農作業やＣＳＡ活動ができるようになる。

なお、農業従事者の高齢化や耕作面積の減少が進行する日本の食料事情を考えると、ＣＳＡは、従来の大規模農家と決して対立関係にあるものではない。農薬や化学肥料に頼らない分、天候に左右されやすく、収量が不安定な有機栽培農家と比べると、トン単位で収量を確保できる大規模農家の存在は非常に大きい。私たちがスーパーで欲しいときに欲しい食材を手に入れることができるのも、一定の収量を保証してくれる大規模農家がいてこそである。日本の食の担い手として大規模農家にも変わらない敬意と感謝の念を抱きつつ、ＣＳＡとの共存関係を探っていきたい。

北海道芽室町の「会員制チーズ工房」と豊浦町の「小規模農家販売共同体」

北海道東部にある芽室(めむろ)町のTOYO Cheese Factoryは、国内では珍しい会員制のチーズ工房。全工程を手作業で行っているため生産量が限られ、ブランドコンセプトに強く共感してくれる会員にのみ提供したいという思いもあるのだろうが、フードロスを抑えるという意味でも、生産者と会員が互いに納得の〝相思相愛〟関係を結んでいる。また、イタリアの食育教室を視察したとき、「不当労働で作られたトマトは口にしない」と小さな子どもから聞かされたことがあり、現地の食育のレベルの高さに驚いたものだ。自分が口にするものが誰を支援し、何を支えることになるのか。エシカル消費としてのCSAをアピールすることが今後の浸透の鍵になるような気がする。

ここで、小規模農家が生き残る道として北海道西南部の豊浦(とようら)町で行われている小規模農家販売共同体の例も紹介しよう。これは広い意味でCSAの範疇に入るものだと考えている。

大規模酪農経営に失敗して牛舎の鉄くずを売り、その資金でひよこを買い、五〇歳を過ぎてから平飼いの卵農家を始めた駒井一慶さん。さらに持続可能な農業を模索して始めたのが、「小規模農家販売共同体」である。詳しくは駒井さんの著書『ふぞろいなキューリと地上の卵』(寿郎社)を読んでみていただきたいが、駒井さんは流通によって分断されている生産者と消費者の関係を改善したいと小規模農家が集まり「ふぞろいなキューリ」の屋号で一〇〇キロ離れた札幌まで宅配販売する生産・流通・販売の共同体を作った。これこそが小規模農家の生き残る道と駒井さんは訴える。大規模農家が多く、冬の長い北海道でこの方式を継続させるのは、並大抵の努力ではできない。

駒井さんたちの強みは、それを評価して購入する消費者が一九〇万人の札幌市に多数いることだ。「買い物は投票」と語る客たちが注文をしてくれている。スローフード運動では「共生産者」と呼ばれる、農業を理解し応援する消費者をたくさん味方につけているのである。持続可能な農業のためには有機栽培・無肥料栽培など環境面への配慮ももちろん重要だが、生産者を理解・応援する消費者の存在も大切だ。こうした地道な活動の積み重ねが地域の農業を支え、国産国消を推進し、あまりに低い日本の食料自給率の向上にも繋がるのだと思う。最近の世界情勢を見ると、「足りない食品は輸入すればよい」というグローバリズム一辺倒の考え方は転換を迫られている。食の安全保障という観点からも、地域の農業を理解し、買って応援し、国内の農業生産を守っていくという視点はますます重要になると考えている。

2　ローカルベンチャーを起こせ

人口一五〇〇人の村に三〇社のベンチャー企業がある岡山県の西粟倉村

移住ともなると、まずは「そこに仕事があるのか?」という大問題に向き合うことになる。農村という地域性を考えると、だれもが仕事の選択肢は農業関連だけではないかと考えるだろう。しかし、そんな心配を気持ちよく覆してくれる動きが今、起きている。都会ではなく、農村や中小のまちに拠点を置くベンチャー企業――「ローカルベンチャー」の出現である。

その先駆けは、岡山県の山間部にある西粟倉村(にしあわくら)。二〇〇四年「平成の大合併」の時に、住民アンケートにより自主・自立の道を選んだ人口一五〇〇人の林業のまちが生き残りをかけ、チャレンジしてきた成果でもある。当時の道上正寿（みちうえまさとし）村長や役場職員と共に中心的に関わってきた牧大介さんの著書『ローカルベンチャー』〔木楽舎〕によると、村には三〇社ものローカルベンチャーができ、合計一〇億円という売り上げを創出。過疎地域にもビジネスの可能性があることを証明した。

では、西粟倉のローカルベンチャーの歴史を振り返ってみよう。二〇〇六年、間伐材で保育家具・遊具製造をする「木の里工房木薫（もっくん）」を、森林組合職員の國里（くにさと）哲也さんが村第一号のベンチャーとして設立した。大量生産・大量消費ではない地に足をつけた経営を具現化するぞ、という決意から起業。村の林業関係者全員で営業・森林整備・木工加工の仕事を担当できる仕組みを作り、成果を上げていった。この起業は村の人たちに大きな自信とやる気を与えた。

二〇〇七年には、地域で採用・育成・インキュベーションの機能をめざす「西粟倉村雇用対策協議会」〔厚労省三年間の補助事業〕を設立。やる気のある人を地域外にも求めると、住居探しが難しいという現実的な問題が起こったため、役場が仲介して空家七〇軒の所有者と話し合い、移住者にあっせんする仕組みに着手した。

翌二〇〇八年に、村は「百年の森林（もり）構想」を立ち上げた。これは「五〇年前に子や孫のためにと、木を植えた人々の想いを大切にして、立派な一〇〇年の森林に育て上げていく。そのためにあと五〇年、村ぐるみで挑戦を続けよう」という理念で、木材に付加価値をつけて、全国に流通させることを目指した。その一環として「村で森林をまとめ、未来につなげる」ために森林の集約化を実施。

森林の所有者は高齢化もあり自力での管理をあきらめていたが、役場が所有者と「長期施業管理契約」を結び、管理作業を地元のローカルベンチャーに委託した。三〇〇人の所有者とのべ五〇回の説明会を開催したというから、その努力には頭が下がる。

二〇〇九年の「百年の森林事業　西粟倉村森林管理運営に関する基本合意」では、間伐作業を進めて森林を再生するために七七八人の森林所有者との契約が実現した。同時に国内初の森林・林業支援の事業ファンド「共有の森ファンド」も開始。前述の牧さんが総合商社「株式会社西粟倉・森の学校」を設立したが、これは木材加工流通会社であり、西粟倉村雇用対策協議会の中身を引き継いだ〝人づくりの会社〟でもある。「森林は役場が預かり、森の学校は加工・流通などの対外的仕事、森林組合は現場の仕事」というように地域で役割をシェアし合い、地元企業が下請けから脱却する仕組みが出来上がった。二〇二〇年には「森の学校」オリジナル商品として賃貸住宅用の簡単な床リフォーム材「ユカハリシリーズ」の開発に成功し、これが経営の柱になっている。現在スタッフは三〇人ほどで、地域の女性が働きやすい職場作りをしている。

こうした実績を土台にして、西粟倉村は二〇一五年から「西粟倉ローカルベンチャースクール〈LVS〉」を開校。地域おこし協力隊制度を活用しつつ、「起業家としてのスタート期」〈一年目〉・「事業の自立以上を目指すチャレンジ期」〈二～三年目〉という最大三年もの歳月をかけて受講者の独り立ちを支援した〈西粟倉でのスクール開催は二〇二〇年度で終了〉。なかでもユニークなのは応募者の構想を役場職員やメンターたちが一緒になって五カ月かけてブラッシュアップしていく仕組みで、本人の努力や企画力に頼るだけでなく、ベンチャーマインドを持った役場職員の参加や中間支援組織の必要性を証明する好例となっている。

また、LVSでは「地域の資源を使って、小さな経済や雇用を作り、地域経済を支える未来につなげたい」という理念や、地域が自主自立の道を選び、地に足をつけた経営を実践すること、経営者だけでなく従業員もベンチャースピリットを持つなどの「理念と実践」を大切にしており、こうして取り組んだ本気のチャレンジから数多くの起業家を輩出している。

二〇一六年には、西粟倉村を中心とする九つの自治体で、内閣府の「地方創生推進交付金」の採択を受けて「ローカルベンチャー協議会」を設立。横の連携を深めて、お互いが抱える課題をクリアしていくための仕組みづくりを行っている。

この西粟倉村から起業家育成スピリットを学び、じわじわと活気づいているまちが北海道の中南部にある。札幌から車で一時間半の厚真(あつま)町だ。町の規模は厚真町が人口五〇〇〇人とやや大きめだが、両自治体とも林業を主産業とし、何より思い描こうとするまちの未来像が重なっていたのだろう。二〇一八年には、LVSを企画・運営していた「エーゼロ株式会社」の子会社、「株式会社エーゼロ厚真」が設立され、LVS開催のバトンが厚真町に渡された。やはり西粟倉と同じように、役場の若手職員が主体的に関わっている。その厚真町ローカルベンチャーの実践例を見ていこう。

西粟倉村を手本に「馬搬」を復活させた北海道の厚真町

北海道厚真町の西埜将世（にしのまさとし）さんが経営する「西埜馬搬（ばはん）」は、北の大地北海道らしいローカルベンチャーの取り組みとして話題を集めている。かつての林業では育成材の搬入や伐採したあとの木材の搬出は、馬が主役だった。馬による木材の搬入・搬出作業のことを「馬搬」と呼ぶ。日本では昭和三〇年代から馬が機械にとって変わり、現在馬搬を行っているのは全国で数カ所だけだという。しかしヨーロッパでは今でも数多く存在していると聞いて驚いた。馬搬は自然生態系の保存や環境対策、持続可能性の面からも再評価されているほか、木の切り出しなど作業の小回りが利くという利点もある。岩手大学で林学を学び、林業会社で働いた経験を経て、そんな馬搬に惚れ込んだ西埜さん。「馬と共に暮らすライフスタイルの実現」という夢を掲げ、厚真町のＬＶＳにエントリー。審査員や仲間と検討を重ね、馬搬林業家として起業にこぎつけた。

「いくら馬搬が好きでも、仕事としてニーズがあるの？」と聞いてみたくなる人も多いだろうが、西埜馬搬のＳＮＳを見ると、あちこちからお呼びがかかり、西埜さんと相棒の「カップ」や「ハスポン」などの馬たちは引っ張りだこである。町の所有林での馬搬作業や馬が畑を耕す「馬耕（ばこう）」をはじめ、近隣の自治体や遠くは北海道北部の天売島（てうり）〔羽幌町（はぼろ）〕などへの出張馬搬、学童たちの馬体験や小学校の授業、かつて炭鉱で栄えた歌志内（うたしない）市でのワイン畑の馬耕など、その人気には驚かされる。馬好きな北海道大学の学生たちが作業を手伝いにきたり、ネットで情報発信をするなど馬搬応援団的な支援者の輪も自然に出来上がっている。二〇二一年のクリスマスシーズンには札幌の大丸百貨店で「西埜馬搬展」が開催され、多くの集客があったことからも、その注目度の高さがうかがえる。優しい目をした馬の存在に多くの人が癒されている。

しいたけで森を守る北海道厚真町の株式会社

厚真町における次のローカルベンチャーの実例として、町内の女性による農に関する起業例を紹介したい。厚真町で五代続くしいたけ農家に嫁いできた堀田裕美子さん。以前は自動車会社に勤務し、農業とは無縁の暮らしだった。厚真町に来て初めて原木しいたけのおいしさを知り、「生産者の少ない原木しいたけの存在を、もっと多くの人に知ってもらいたい！」と二〇二〇年に「株式会社たのしい」を設立した。自社のしいたけを「たのしいたけ」と呼んでオンライン販売する軽やかな発想と行動力、「#たのしいたけレシピ」というハッシュタグをつけたSNSの投稿で着実にファンを増やしている。

厚真町といえば、二〇一八年に震度七を記録した北海道胆振東部地震に襲われ、多大な被害をこうむったが、堀田さんは二〇二一年九月に「たのしいたけで厚真の森を護る。北海道産原木しいたけの価値と魅力を届けたい」というプロジェクトでクラウドファンディングに挑戦。目標の支援者数一〇〇人を超えて、プロジェクトは成功した。自分たちのまちを守りたいという切実な思いにあふれた試みが成就したことに、心から拍手を送りたい。林は堀田さんの起業のいきさつをローカルベンチャー関連のズームセミナーで知り、すっかりファンになり、このクラウドファンディングにも参加した。たのしいたけの食べ方の紹介やお礼状など、丁寧できめ細やかな対応も嬉しいものだった。そうしたネットによるＳＮＳを活用した農業・農村との関わり方も新しいタイプの〈農都共生ライフ〉のひとつかもしれない。

人材育成のための学校の設立（丹波篠山市）

次は兵庫県でのローカルベンチャーに関わる取り組みである。丹波篠山（たんばささやま）市で神戸大学・丹波篠山市農村イノベーションラボが展開する「篠山イノベーターズスクール」は丹波篠山市と神戸大学の地域連携事業の一環として開講された、農村での起業・継業に特化したローカルビジネススクールだ。ローカルベンチャーの人材を育成している。

そうした人材育成に力を入れている地域は、やはり元気である。これは裏を返すと、人口減という数の話だけでなく質――すなわち意欲的かつ変化を恐れない人材が不足している地域は、自ずと先細りになっていくということであり、不安に駆られてしまう。西粟倉村・厚真町のようにこれからローカルベンチャーを目指す地域は、役場もベンチャーマインドをもった若手職員を採用する、ローカルベンチャーの経験を持つ職員を中途採用する、などの今までとは違った人事採用面での工夫も必要なのではないかと思う。

かつては都市と比較されていた地方の活性化も、今は「ムラ・ムラ格差」という言葉があるように、地方間での違いが明確になってきた。いつだって遅すぎるということはない。人材育成にパワーを注げば、どんなまちももっともっと元気になれるはずだ。

農村で事業を起こすには主に三つの選択肢がある

農村で事業を起こすには主に三つの選択肢があると考える。覚悟と環境が整えば、まず第一の選択肢は「農業」である。次が地元の人を顧客とする美容師や料理人といった「手に職」系の仕事。徳島県の神山(かみやま)町で一躍有名になった、住民たちが来てほしい人や企業に移住を呼びかける「逆指名制度」はその成功例だろう。そしてこれらに該当しない第三の選択肢が、地域特性を活かした「ローカルベンチャー」である。そこには農業へのＩＣＴの活用も含まれてくる。ドローンやパワースーツなど、すでに農作業の効率化のために使われている技術は存在するが、今後は農業従事者の意欲や交流を高めていくためにＩＣＴをどう活用するか、その発展が待たれているのではないだろうか。

3　すごい地域を見つける、すごい地域に自分でする

島根県邑南町の総合的な地域力のすごさ

農村移住者の取材をしていると、農村に関心を持つきっかけに「子どもをよい環境で育てたかった」と答える人が少なくないように感じる。学校のことや病院のこと、子どもたちにとって何がベス

トかを考えながら移住資料をめくる親御さんたちの眼差しは、いつの時代も真剣そのものである。

初めて島根県邑南町の記事を読んだとき、口をついて出たのは「すごい！」の一言であった。面積の八割が森林で覆われた人口約一万一〇〇〇人の邑南町では、二〇一一年から「日本一の子育て村構想」を掲げ、地域ぐるみで子育てを支援する体制を整えている。

中学卒業までは医療費は無料とし、第二子からは保育料も完全無料。公立邑智病院は産婦人科・小児科機能を充実させ、民間病院や町立診療所との連携も密にとっている。ドクターヘリの緊急搬送もある。役場のホームページをよく見ると、一年につき上限一五万円の不妊治療等助成制度もあり、町民に対する細やかな配慮が随所に感じられる。

さらに、前述したが二〇一一年から「A級グルメ構想」もスタート。「A級＝永久」とかけ、「邑南町の素晴らしい食材、食文化の魅力を再認識し、未来に向けてこの財産をさらに育て、継承していくためにA級グルメの発信拠点」を設立。石見和牛や石見ポークのメインディッシュに加えて、高原地帯ならではの〝水どころ〟で育った地元産野菜や在来原産種がある邑南そば、ハレの日に食べることの多い郷土料理「角ずし」など、邑南町に来なければ食べられない食のブランド化にも踏み切った。

こうした取り組みの結果、二〇一三年から三年連続で転入と転出の差がプラスになる「社会増」を記録し、二〇一一年から二〇一六年の間に子育て世代にあたる三〇代女性の割合が、町内の八地区で増加した。成果が確実に現れている。都会と地方では人間関係の距離感が異なることも多いが、いわゆる「ワンオペ育児」はどこにいても辛いもの。地域ぐるみの支援が、新米ママたちを優しく包み込んでいる。

ほかにも注目に値することがある。二〇一六年度から四年かけて実践された「移住定住促進のための地区別戦略事業」、通称「ちくせん」の取り組みだ。一二の地区に分かれる町民たちが、それぞれの地区ごとに、自分たちの地区には何が必要かを話し合い、自分たちで年間三〇〇万円の事業費を活用するのだ。この「ちくせん」をきっかけに移動スーパーが始まる地区もあれば、五年ぶりに運動会が再開した地区もある。青年部からの提案で新しいお祭りを始めた地区では若手の存在感が一気に増し、世代を同じくするUターン・Iターン組との交流も活発になっていったという。いずれの地区も「今のままではいけない」という強烈な危機感が背景にあり、しかもその解決策を行政任せにせず、自分たちの手と頭で解決策をひねり出すという試みである。そうして生まれ変わった地区への愛着は、ひとしおだろう。行政だけでも民間だけでも立ちゆかない「総合的な地域力」のすごさを教えてくれた実例である。

奈良県東吉野村では移住組のデザイナーたちが地元に貢献

移住を呼び込むための最大のツールは、家屋や土地を安価で提供することではない。住んでいる人が「ここはよいところだよ」と外に向かって言える住環境をアピールすることである。そのためには〝地域磨き〟が欠かせない。奈良県の山村・東吉野（ひがしよしの）村には移住したデザイナー坂本大祐さんがコワーキングスペースを立ち上げ、他の移住してきた仲間とともに地元を盛り上げている。一見遠回りに見えても、そこに住んでいる人が地域に満足している姿こそが、最大の宣伝効果を発揮する。どれだけ行政がピーアールをしても、将来、近所付き合いが発生するかもしれない住民たちの本音が「このまちのよいところは何もない」では、二の足を踏むだろう。邑南町のように時間がかかっても住民たちの当事者意識を醸成するような取り組みが着実に成果を出す。

北海道の「半農半X」のアーティストたち

デザイナーのようなクリエイティブな職種は、どこで暮らすかが自分の仕事に色濃く反映される。一次産業とデザインをかけ合わせて新しい「ニッポンの風景」を作り直してきた高知県高知市在住の梅原真さんの名前は、まちづくり関係者なら一度は聞いたことがあるだろう。「じつは茶所、しまんと緑茶」「漁師が釣って　漁師が焼いた　藁焼きたたき」などのインパクトある商品開発をし、ブランド化に成功。それが地元の農業・漁業の持続可能性にもつながっているのだから、見事なデザインの力である。「土地の力を引き出すデザイン」として、毎日デザイン賞特別賞も受賞している。

　梅原さんのように地域の個性をデザインという形で表現していく道もあれば、自らが農業の当事者となりながら、自分らしい表現方法を模索していく「半農半X」という道もある。北海道には富良野市に半農半画家で知られるイマイカツミさんが、小清水町には酪農家を手伝いながら牛の版画作品を発表する冨田美穂さんがいる。イマイさんは都会での絵画制作に限界を感じ、地方への移住を模索。たまたま求人誌で見つけたのが富良野市での農業ヘルパーの仕事だった。富良野の美しい農村風景と農的暮らしにすっかり魅せられ、農業ヘルパーの期間が終了後、富良野移住を決めた。地元の名産であるアスパラ栽培や農作業の手伝いをしながら、風景画などの制作に取り組んでいる。富良野の風景の中でこそ生まれる穏やかな画風にファンも多い。イマイさんも冨田さんもたまたま「半農半アート」の例だが、「半農半X」の組み合わせはさまざまである。次にどんな半農半Xの人が出てくるのか、楽しみにしている。

4　どこのまちにもある〝長老モンダイ〟を乗り越える

農都共生を阻むもの

さまざまな切り口で農都共生の可能性を語ってきた本書も、そろそろ終盤である。林と村瀬が各所を訪れ、「農都共生の活動をすすめるうえで、具体的に困っていることはなんですか？」と訊ねてきた中で、どこのまちでも異口同音に聞かされてきた共通の課題があった。それは地元の長老的ポジションにいるシニア層がまちづくりにおいて「うるさいこと」「力を貸してくれないこと」「威圧的であること」「力を出し過ぎてしまっていること」――いわゆる〝長老モンダイ〟である。

無論、地元のシニア層といえば、そのまちの土台づくりに長年尽力された貢献者の方々である。「自分たちのまちを発展させたい」という前向きな思いで地域活性化を担ってきたという事実は、なんら疑うものではない。ただ、時代は確実に進んでいる。過去の成功あるいは失敗体験にとらわれすぎて、「やったことがないことはダメ」「似たようなことを前にやって失敗したから、今度もうまくいくはずがない」「よそから来ても、どうせすぐに出ていくんだろう?」などと頭ごなしに決めつけられては、吹こうとしていた風も止んでしまう。男尊女卑や同調圧力といった日本のムラ社会特有の考え方も、変化を阻む壁になっている。第三章で引用したフランスの法学者フランソワ・セルヴォアンの言葉、「将来性のない地域は存在しない。その地域は計画がないだけである」を、もう一度思い出してほしい。

シニア層が「新しいことは疲れる」「今のままでいい」と考えるのは、決して不自然なことではないが、それがまちの未来にも関わってくるとなれば、「何をやってもダメに決まっている」というあきらめモードではいられない。まちの子どもたちのためにも、後進の育成は必要不可欠であり、若い世代が伸び伸びと活躍できる場をつくっていくことが望ましい。実際、世代交代がうまくいっているまちは活気にあふれている。ただし、そこで見落としてならないことは、シニアから若手への急激な〝交代〟ではなく、シニア層も引き続き社会参加を実感できる居場所と出番がある〝共生〟の姿勢、これが非常に大きなポイントになってくる。

徳島県上勝町の「葉っぱビジネス」の主役はお年寄りたち

徳島県の山間に人口約一四〇〇人が暮らす上勝(かみかつ)町。そこでの「葉っぱビジネス」は、全国に広く知られる地方創生の成功モデルである。「つまもの」と呼ばれる季節の葉っぱは、日本料理を引き立てる名脇役。ここに着目した地元の農協職員・横石知二さんが、一九八六年に町の半数近くを占めるシニア層や女性たちに声をかけ、葉っぱの栽培管理・出荷を任せる一大ビジネスを立ち上げた。会社名は「いろどり」〔横石さんは現在この会社の社長〕。彼らの活躍は全国に知られ、二〇一二年には『人生、いろどり』〔監督・御法川修　配給・ショウゲート　上映時間・一一二分〕という映画にもなったほど。映画の公開を機に町への視察や移住相談が増え、それがまた町民たちの張り合いにもなるという好循環が生まれた。

この「葉っぱビジネス」の担い手は地域の高齢女性たちなのだが、その高齢者たちがＩＣＴを上手に活用したことも成功の一因だった。上勝町では二〇年以上前にいち早くパソコンを取り入れ町民にも使ってもらおうとしたものの、年輩者たちは「パソコンなんて無理」と最初からあきらめている雰囲気であった。そこを横石さんたちが励まし、パソコンを使ってもらえるようにした。パソコンそのものを改良したのである。年輩者たちはなぜかみなパソコンのマウス操作が苦手だった。そのため操作がより簡単なトラックボールを取り入れ、テレビのようにスイッチを入れるだけで利用できる「シニア向け」パソコンを地元で開発したのである。

最近では、パソコンのほかタブレットを使って、日常の作業を記録や閲覧をしてもらっているそうだ。自分の売上順位や全国の市場情報など見たくなる内容やお得情報を知ることができるうえに、「今日はもうちょっとがんばろう！」という労働意欲にも繋がっているという。いろどりのホームページを見ると、「年間売上が約一〇〇〇万円のおばあちゃんもいます」とあり、高い収入を得ている人もいる。「葉っぱビジネス」という居場所と出番は、そのまま収入と生きがいをもたらしているといえるかもしれない。元気なお年寄りが多く、医療費が少ないというのも町の自慢になっている。

農村に限らず、世代交代は難しい。だが進めていかなければ、その先の未来も描きづらい――というような状況下で、数々の事例を見聞きして特に重要だと感じているのは、若手とシニアを繋ぐ仲介役の存在である。企業でいえば中間管理職にあたる。上と下のどちらの言い分も聞きながら、まち全体の大きな設計図を見据えることができる現役世代に、ぜひとも活躍していただきたい。

同時に、シニアの居場所・出番を創出する産業として観光業が持つ可能性についても、今後、議論を活発化してほしいと思っている。旅行者と直接対面する観光ガイド業も、シニアにこそ任せて、実感のこもったその土地の物語を語ってもらうという方法もあるだろう。聞く側にとっても「今日はよい話を聞いた」と満足度が高まるのではないだろうか。ただし、自分が喋りたい話を一方的に話すのではなく、相手が聞きたいことを話す視点が重要になる。ハワイなど海外の観光地では、ドライバーや観光ガイドとしてシニア世代の人たちが活躍している例をよく見かける。

つまるところ、「誰かが我慢している農村振興」では、決して長続きしないのである。外からの風や若い人のアイデアを受け入れることで、中の人たちも同時に幸せになっていく。それが、これからの農村の姿であってほしいと願っている。

おわりに——都会の人も農村の人もウェルビーイングに

農業・農村がもたらす「地域の資源」と言われて思い浮かべるものは何だろうか。思いつくまま列挙してみよう。農地、森林、川、湖、動植物などの自然、野菜、くだもの、肉、乳製品などの農畜産物、木の実、山菜、獣の肉、農村の景観や文化、そして農林漁業に関わる人……。農山村には、なんとたくさんの資源があるのだろう。まさに宝の山である。さらにすがすがしい空気や美しい星空など、地元に住んでいる人には、当たり前になってしまっているものもあるだろう。これらの地域の宝を組み合わせることで、多種多様な農村コミュニティビジネスが生まれる。

ここで一つ、提案がある。従来、グリーンツーリズムとして考えられることの多かった農家民宿(ファームイン)・農家レストラン・農業体験・農産直売所などを、地域の課題解決に役立つ「農村コミュニティビジネス」として捉え直してはどうだろうか。

「農村コミュニティビジネス」とは、地域資源や人材、ノウハウ、施設や資金を生かしながら地域課題の解決にビジネスの手法で取り組むものであり、地域に新たな雇用を作り、働きがいや生きがいを生み出し、地域コミュニティの活性化につながるものである。「農村版コミュニティビジネス」「アグリコミュニティビジネス」と表現する人もいる。

グリーンツーリズムというと観光面が強調され、農村側が都会に提供するものという印象が強いが、「農村コミュニティビジネス」として捉えることで、より社会的意義が感じられ、地域に密着したものになると思う。最近は、農家向けの講演会でも「グリーンツーリズム」の代わりに「農村コミュニティビジネス」という言葉を使うと農家の皆さんの目の輝きが増すのを実感する。

そうした農村だけが持ちうる資源の恩恵や価値を、今、都会の人たちも再評価し始めている。農業現場と消費者との距離があまりにも離れてしまった現代社会では、食農教育の面でも農村の果たす役割はますます大きくなるばかりである。北海道の農家で夏休みの間一カ月間のインターンシップを経験した女子学生は「農家の人は工夫することがすごく上手。不便さを環境や他人のせいにしない。どんなことがあっても自分の力で乗り越える〝生きる知恵〟を身につけることが大切だと感じた。今後の生き方を考えるきっかけにもなった」と語っていた。

彼女のように都会育ちの学生たちにこそ、まず農村に足を運び、農業・農村の持つ多面的機能の素晴らしさを体感してほしい。豊かな自然や温かな人間関係に包まれ、美味しい食環境の中で感じることがたくさんあるはずだ。慶應義塾大学大学院ＳＤＭアグリゼミで農村地帯への視察を毎年続けたのも、そうした効果を期待してのことである。アグリゼミ出身で、現在大手企業で共働きをしながら子育てをしている女性は、「二人の子どもたちを、ゼミで行った北海道の農家にぜひ連れて行きたいと思っています。歩くとふわふわした感触の畑の土、もぎたての美味しいトマト……東京では絶対に味わえない農村の素晴らしさ。母親になって、子どもたちに体験させてあげたいなと、強く思います」と語っている。農業・農村体験の素晴らしい効果が、次の世代にもつながっていくのは「嬉しい」の一言だ。

また、コロナ禍という思いがけない要因ではあったが、ここ数年で地方でのワーケーションが進んだことも、農村の価値を見直す追い風になっている。ほかに、コロナで飲食店に出荷できない食材を生産者が自分たちで発信するオンライン販売や、日本最大のオンライン直売所「食べチョク」の普及も、生産者と消費者の距離を縮めることに成功している。

❖

第二章・第三章で述べてきたように、農村と都市を行き来するライフスタイル＝農都共生ライフはそれぞれのまちで新たな産業や雇用を生み出し、地方創生を考える上で極めて重要な概念だと思っている。「農都共生ライフ」を、二〇二三年現在の言葉に置き換えると、世界規模で広がりつつある持続可能な価値観「ウェルビーイングな暮らし」にほかならない。

「健康になるために農村に行こう」という発想の人は日本ではまだ少ないが、ヨーロッパの農村をまわると、景観の美しさやその癒しの力を上手に活用して、健康的な暮らしを実践している人たちを大勢見かける。農村地帯でウォーキング・ジョギング・トレッキング・サイクリングなどを楽しんでいる人たちのなんと多いことか。農村は健康で幸せな農都共生ライフを実践する場所なのだ。

フランスの農家民宿への交通手段が日本とは全く違うのも面白い。バスやマイカーではなく、夏はサイクリングやウォーキング、冬はスキーやスノーシューで訪ねる人も多いと聞いて驚いた。農家民宿に自転車用の洗車やパンク修理のためのオシャレなデザインの器具が置かれているところもある。さすがツール・ド・フランスのお国柄である。日本人の多くが都会のスポーツジムで汗を流すのとは、大きな発想の違いがあるようだ。

また、農業はスポーツと同じくらい体を動かし、エネルギーを消費するという面もある。慶應SDMアグリゼミが北海道沼田(ぬまた)町で実施した農村視察のあとのワークショップで、「健康増進のための農業体験を都市住民に売り込む」という案を提出したグループがあった。本格的に農作業を体験してみて「農作業は想像していた以上に体力的にきつく、体を鍛えられる」と実感したことがこのアイデアにつながったようだ。体が鍛えられると同時に、農業現場ならではの発見や楽しさがあることもこの案のメリットだと話していた。

❖

農村の自然環境と地産地消の美味しい食がもたらす健康と人の心の充足は、まさにウェルビーイングな暮らしである。気分転換にもなり、心身ともに健康になれる場所として農村をアピールしていくことも大切だと思う。例えば、心や体を病んだ人たちのリハビリテーションの一種である園芸療法は、第二次世界大戦後一九五〇年代からアメリカ合衆国や北欧から始まった。日本には一九九〇年代はじめに紹介され、主に高齢者介護施設や障害者施設で機能回復訓練を目的に導入され、成果を上げている。田植え作業が認知症の改善につながったという研究結果もあり、食物を育てることによって生きがいづくり、運動不足の解消、筋力低下の予防、社会性の維持、生活能力の維持などに効果をもたらすことが期待されている。

そしてここで忘れてはならないのは、こうした文脈で語られるウェルビーイングとは、都会の人が一方的に農村・農業の恩恵を消費に行くのではなく、実は農村に住んでいる人たちもすでに〈ウェルビーイングな暮らし〉の実践者であるという複眼的な視点である。自然豊かな心休まる農村風景を背景に、訪れる人も暮らす人も双方の心と体の健やかさを分かち合う、ウェルビーイングの二重奏が聞こえてくることが理想である。

今までの日本の農村では、「うちの村には何もない」と表現してしまう人が多かったように感じる。日本人特有の謙虚さや心配性、物事を悲観的にとらえてしまう国民性もあるのだろう。だが、決してそうではない。農村こそ、〈ウェルビーイングな暮らし〉をできる場所である、ということを住んでいる方々に誇りに思ってほしい。

このほかにも、本書で紹介しきれなかったアウトドアブランドのスノーピークが牽引する「野遊びリーグ」や男性の間で人気が高いご当地サウナやヘルスツーリズム、サイクルツーリズムなどもローカルベンチャーとの親和性が高く、起業の可能性は大いにあると思う。ヨーロッパでは何十年も前から農村政策として農村でのウェルビーイングを取り入れて成功しているのである。ぜひ日本の農村でもと願っている。

❖

日本の農業にとって経営面を考えると大規模化や法人化の推進は大切な方策ではあるが、その一方で中山間地域にある小規模農業も視野に入れて、もっと多様な農業のあり方を考えていくことも必要だ。小規模農家の生き残りをかけた農都共生ライフを推進するための農村政策や財源的な裏づけも、今後さらに進めていってほしい。

〈農都共生ライフ〉による〈ウェルビーイングな暮らし〉の実現を強く願っている。

二〇二三年一月

林 美香子

索引

林美香子（はやし・みかこ）

1976年、北海道大学農学部卒業。1976～84年の札幌テレビ放送（STV）勤務（アナウンサー）をへて1985年よりフリーのキャスター、農業ジャーナリストに。

2006年、「農村と都市の共生による地域再生の基盤条件の研究」で北海道大学より博士（工学）・Ph.Dを取得。2008～2020年、慶應義塾大学大学院システムデザイン・マネジメント研究科特任教授。

現在、北海道大学農学部客員教授、慶應義塾大学大学院システムデザイン・マネジメント研究所顧問、「農都共生研究会」代表。

レギュラー番組にFM北海道『MIKAKOマガジン』（土曜朝6：30～7:00）、著書に『農都共生のヒント』『農村へ出かけよう』（以上、寿郎社）、『農業・農村で幸せになろうよ』『農村で楽しもう』（以上、安曇出版）など。

村瀬博昭（むらせ・ひろあき）

奈良県立大学地域創造学部准教授。

《農都共生ライフ》がひとを変え、地域を変える

移住・CSA・ローカルベンチャー――〈ウェルビーイングな暮らし〉の実践

発　行　2023年2月6日　初版第1刷

編著者　林美香子

発行者　土肥寿郎

発行所　有限会社寿郎社

〒060-0807　北海道札幌市北区北7条西2丁目 37山京ビル

電話011-708-8565　FAX011-708-8566

E-mail　doi@jurousha.com

URL　https://www.ju-rousha.com/

郵便振替　02730-3-10602

印刷所　モリモト印刷株式会社

＊落丁・乱丁はお取り替えいたします。

＊紙での読書が難しい方やそのような方の読書をサポートしている個人・団体の方には、必要に応じて本書のテキストデータをお送りいたしますので、発行所までご連絡ください。

ISBN978-4-909281-48-7 C0061　

寿郎社の好評既刊

ふぞろいなキューリと地上の卵

〈無肥料・無農薬〉の野菜と卵を
100キロ離れた札幌に宅配する
北海道豊浦町の農家のおじさんのはなし

駒井一慶 著

大規模酪農に失敗し、50歳を過ぎてから
1羽250円のヒヨコで有精卵のタマゴ屋を始めた農家のおじさん。
その笑えて泣けて、価値観がひっくり返る
SDGsな農業の日々を記録した傑作ノンフィクション。

定価:本体1500円+税

● ● ●

ビーツ! ビーツ! ビーツ!

免疫力を高める北のスーパー健康野菜ビーツの食べ方

山崎志保 著

免疫力を高め、疲労回復・アンチエイジングの効果も高い
寒冷地の根菜ビーツは「食べる血液」とも言われ、
国内外のアスリートたちにも人気のスーパー健康野菜。
その、ボルシチばかりではない、和・洋・中・スィーツ・漬物など68品目の本格的レシピ集。

定価:本体1500円+税